彩图 3 明度(赵岩峰)
—色加白提高明度
—色加黑降低明度

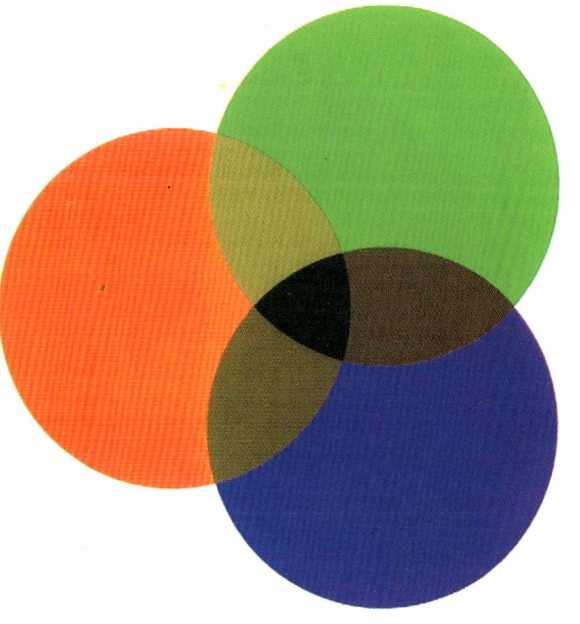

彩图 2 间色相加复色(赵岩峰)

彩图 1 三原色相加间色(赵岩峰)

彩图6 纯度（赵岩峰）
黄色加黑色后纯度渐变
群青加水后纯度渐变

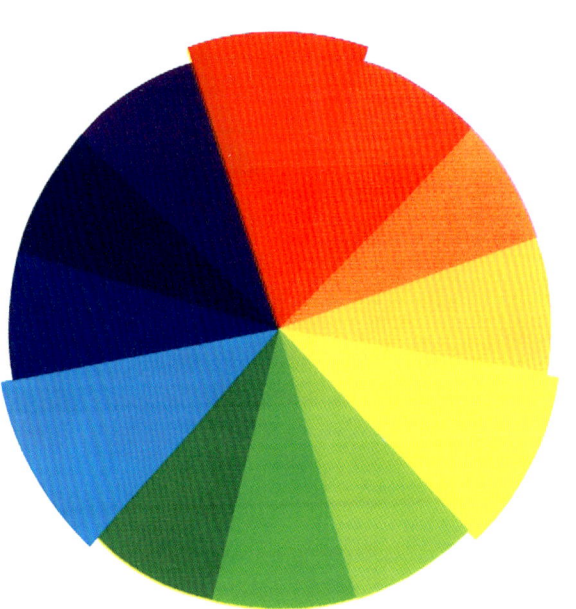

彩图5 十二色相环（赵岩峰）
原色相对90°角色彩是对比色

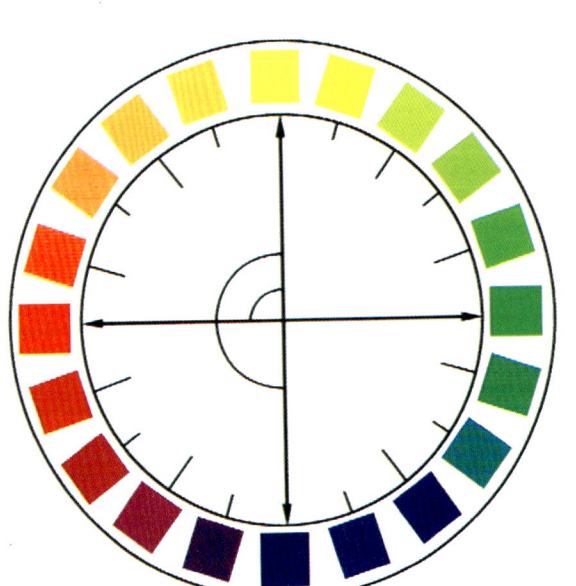

彩图4 余色和补色（赵岩峰）
90°相对二色为余色
180°相对色为补色

彩图 8 公园之夏（杨义祥）

彩图 7 色性色彩的冷暖（赵岩峰）

彩图 9　静物(邵黎明)

(a)用铅笔勾稿；(b)敷淡色；(c)加深调子；(d)统一完成

彩图 10　绿荫下(杨光辉)

彩图 11　写意(李增亭)

彩图 12　工笔花鸟(阮克敏)

彩图 13　写意花鸟(徐岳方)

彩图 14 丙烯水彩静物
(邵黎明)

彩图 15 水粉水果(冷先平)

(a)

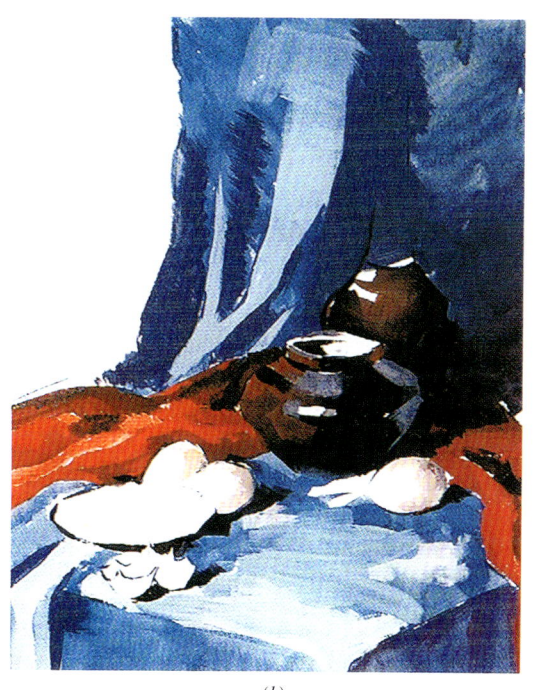

(b)

(c)

彩图16 水粉静物写生步骤图(王寒)
(a)铺大色调；(b)深入刻画；(c)整理调整

彩图 17　水粉风景写生步骤图(张国威)
(a)勾轮廓；(b)铺大色调；(c)深入刻画

(a)

(b)

(c)

彩图 18　山水画(赵树松)

彩图 19　花鸟画(贾宝珉)

彩图 20　山水画(赵春林)

古寨小桥有人渡

彩图21 写意山水(王中年)

九寨多泉瀑

彩图22 写意山水(王中年)

彩图 23　工笔(阮克敏)

彩图 24　写意山水(赵树松)

彩图 25　写意花鸟(赵春林、蔡洪国、
　　　　　王子利——南开三友合作)

彩图 26　写意山水(秦克强)

彩图 27　写意花鸟(鲁刚)

彩图 28　写意花鸟(阮克敏)

彩图29　写意山水(赵树松)

彩图30　写意山水(孙长康)

彩图31　写意山水(秦克强)

彩图32　写意花鸟(贾宝珉)

彩图 33　电脑作园林建筑画(张大鹏)

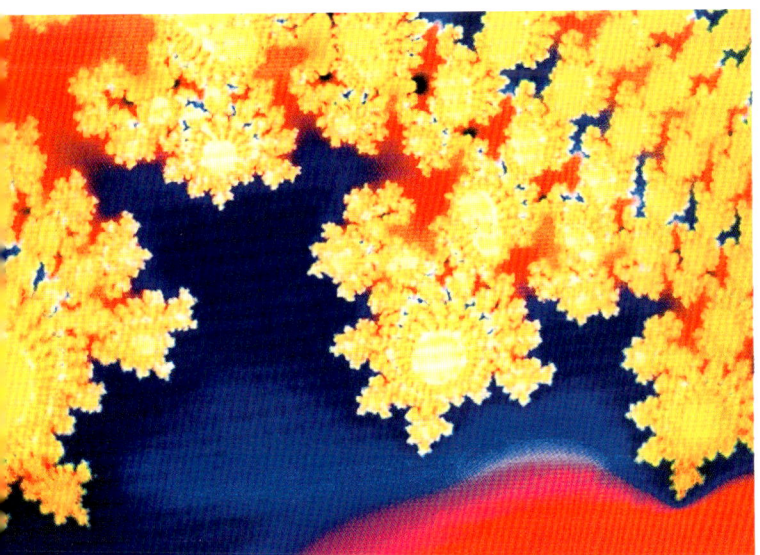

彩图 34　电脑作构成(赵岩峰)

彩图 35　电脑园林构成(赵岩峰)

彩图 36　电脑作建筑画(赵岩峰)

彩图 37　电脑作园林画

QUANGUOJIANSHEHANGYE
ZHONGDENGZHIYEJIAOYUGUIHUA
TUIJIANJIAOCAI

全国建设行业中等职业教育规划推荐教材【园林专业】

园林美术

(第二版)

赵岩峰 ◎ 主编
赵春林 ◎ 主审

中国建筑工业出版社

图书在版编目（CIP）数据

园林美术 / 赵岩峰主编.—2版.—北京：中国建筑工业出版社，2007(2023.4重印)

全国建设行业中等职业教育规划推荐教材（园林专业）

ISBN 978-7-112-09427-1

Ⅰ.园… Ⅱ.赵… Ⅲ.园林艺术—绘画—技法（美术）—专业学校—教材　Ⅳ.TU986.1

中国版本图书馆CIP数据核字(2007)第112552号

本书为全国建设行业中等职业教育规划推荐教材（园林专业）。第一版经过7年的教学实践，普遍反映较好，第二版充分突出画理和美学知识，以提高学生的鉴赏能力，同时学习掌握几种绘画技巧，能完成中等程度的园林画和园林鸟瞰图创作等。

本书的内容包括：绪论；汉字和美术字形体的分类与使用；形体结构；素描；色彩；中国山水、花鸟画；园林风景画的画法；电脑绘画等。

本书可作为中等职业学校园林专业"园林美术"的教学用书，也适于园林行业的专业技术人员及其他从事园林行业的工作人员参考。

* * *

责任编辑：陈　桦　王玉容
责任设计：郑秋菊
责任校对：兰曼利　王　爽

全国建设行业中等职业教育规划推荐教材（园林专业）

园林美术（第二版）

赵岩峰　主编
赵春林　主审

*

中国建筑工业出版社出版、发行（北京西郊百万庄）
各地新华书店、建筑书店经销
北京鸿文瀚海文化传媒有限公司制版
北京圣夫亚美印刷有限公司印刷

*

开本：787×1092毫米　1/16　印张：12　插页：8　字数：298千字
2007年11月第二版　2023年4月第十一次印刷
定价：**32.00**元
ISBN 978-7-112-09427-1
(40445)

版权所有　翻印必究
如有印装质量问题，可寄本社退换
（邮政编码 100037）

本系列教材编写委员会
（按姓氏笔画排序）

编委会主任： 陈　付　沈元勤
编委会委员：

马　垣　　王世动　　刘义平　　孙余杰　　何向玲　　张　舟
张培冀　　沈元勤　　邵淑河　　陈　付　　赵岩峰　　赵春林
唐来春　　徐　荣　　康　亮　　梁　明　　董　南　　甄茂清

第二版前言

《园林美术》教材第二版,经多位教授教师和编辑的积极努力工作,用半年多的时间修改完成出版,是一件可喜的事情。

《园林美术》第一版教材经过七年的教学实践,普遍反映很好。但由于教材是第一次编写,在知识含量、课程设置、课程进度、组织教学等方面经验不足,还存在不少欠缺。

第二版教材在原教材内容基础上作了必要的修改和补充,其原则是使教材整体性更强,知识更加系统、完整,具有一定的深度和广度。书中的彩图和黑白插图以提高质量为标准也作了全面调整,选用了目前国内高水平的书画家的作品,如增加了北京山水画研修院王中年教授、天津工艺美院赵树松教授、秦克强教授、天津美院孙长康教授的山水画彩图,增加了天津美院贾宝珉教授、天津工艺美院阮克敏教授、天津当代国画艺术研究中心李增亭教授和青年画家徐岳方、鲁刚的花鸟画彩图和黑白图,同时还增加了全国各地著名书画家的书法作品。

为了写好第二版教材,使读者对知识能有更深层的了解,编者在编写期间,深入到天津当代国画艺术研究中心贾宝珉工作室,中国文联培训中心和北京王中年教授山水画研修院进行学习、考查和调研,进一步学习和深入体会,研究中国画的规范画法和辩证的画理。王中年和贾宝珉等教授的谦和为人、精到娴熟的绘画技法,李增亭教授关于在绘画上要有霸气、做人要和气及几十年如一日的刻苦钻研精神使人感动,书法家孙明远、王克理、李凤鸣等人熟练的书法技能、诚恳待人的态度,特别是孙明远风趣儒雅的言谈,给人留下了美好记忆。在当前市场经济时期,这些书画家和教授不被金钱所左右,在平时的生活、工作、学习、创作和教学中,有平和的心态、浓厚的情感、以学术为重的思想意识,是十分可贵的。在我学习、考查和调研中,王中年、贾宝珉、赵树松、阮克敏、秦克强、刘兆钟教授为我提供了很多自己编写的书籍、光盘和书画作品,周振卿、徐岳方、唐茵弟、鲁刚、石军、王子利等热情地协助绘制了许多小稿和帮助我校正各种造型、色彩及花鸟传统画法,探讨画理,为教材编写工作创造了良好条件。这些艺术家高尚的人格,宽泛的处事心态,使我十分感动。这种人和的环境、谐调的气氛、深厚的感情,使我感到似乎又回到了24年前我在天津工艺美院与赵松涛教授学习时的情感、情景,我的心愿在与这些人相处的环境中得到了实现和满足,促使第二版《园林美术》教材快速地提前完成,这是大家的心血和劳动。

《园林美术》第二版,将美术字移到后面,并入汉字与美术字一章中,为了突出重点,将形体结构等各章向前移动,中间增加了第3章"园林美学",将"电脑园林绘画"与"园林画的表现技法"合并为一章,最后在"汉字和美术字"中增加了"书法作品欣赏"一节。考虑如今使用美术字多数是从计算机中直接调出使用,不再徒手书写的实际情况,本书将美术字中怎样进行书写一节删掉。改版后的《园林美术》充分突出画理和美学知识，并以提高学生识别鉴赏能力为主要目的，同时要掌握几种绘画技法，能完成一些中等形式的园林画和园林鸟瞰图的创作。

本教材第二版编写中，得到天津当代国画艺术中心的教授和校长周振卿、北京山水画研修院院长王中年教授、齐齐哈尔建设职工大学及书记王建国、齐齐哈尔师范高等专科学校美术系和系主任赵延平、许晓春及大连投资促进中心信息部的支持，同时也得到葛瑞、张云萍和王长峥经理的帮助，在此一并感谢。

第二版教材在尊重第一版的主要内容和原编写人员基本不变的前提下，在总体上增加了新的章节，充实了内容，使其更系统，更完整，更深刻。第二版第2章"形体结构"由殷红改编，第3章"园林美学"由李波编写，第7章第6节由赵岩峰改编，第8章由王霞和赵岩峰编写。殷红和霍铁鑫协助收集素材和整理资料。

本教材主编为赵岩峰，副主编为李波、殷红，参编为王霞、霍铁鑫。主审赵春林。

教材中的第二版前言、教材简介、结束语由赵岩峰编写，全书的文字和插图的校对、调整，布局设计等工作由赵春林、王霞统一组织完成。

第二版教材改编虽然又作了极大的努力，但还难免有不尽人意的地方，敬请各位专家、任课教师和读者多提宝贵意见。

赵岩峰

2007年10月于天津南开易川里

第一版前言

《园林美术》是建设部普通中等专业学校园林绿化专业和全国园林系统中等专业学校使用的全国统编教材，它也可作为园林专业大专、职业高中园林班、园林技工学校的美术教材。同时，也可供作园林专业干部、园林专业技术人员、园林规划设计人员、园林绿化工作者和园林美工、园林美术爱好者的自学和参考用书。

自从园林专业开设美术课以来，全国各学校一直没有园林美术的教材。为解决教材之急需，也为相对地统一教学内容，在建设部的统一组织下，我们编写了这本《园林美术》教材。

《园林美术》教材，主要是为了培养学生的审美鉴赏能力及艺术创造能力，使之能掌握绘画的基础理论知识和基本表现技巧，以适应园林工作的需要。本书在编写及改编中，从文字到配图，都十分注意突出专业特点，有意将绘画与园林规划设计、建筑设计、园林美学、艺术学等有密切联系的内容有机地结合起来，使教材有自己的特点。

本教材共设八章，第一章概述了学习园林美术的意义和方法。第二章到第六章分别对美术学、形体结构、素描、水彩、水粉、中国山水花鸟画的知识和绘画技法作了介绍。这几章是绘画的基础，是学习绘画所必须掌握的基本知识。第七章具有较强的专业性，集中介绍了园林植物画、园林建筑画、园林风景画和园林鸟瞰图的画法。这些画法的熟练掌握和运用，对学生进行园林设计、园林规划设计有特殊的意义。第八章主要介绍电脑和电脑绘画的制作方法及步骤。作为现代科学工作者，电脑绘画是必须掌握的知识。本教材从实际出发，结合专业，深入浅出地介绍了电脑和电脑绘画方法，为园林设计工作者和美术工作人员用现代化手段进行绘画打开了另一个新的领域。

本教材主编为赵春林，副主编为赵岩峰、宣大庆，主审李丽萍、白多明。参加本教材的编写人员：

第一章赵岩峰；

第二章第一节、第二节匡小荣，第三节至第七节温维中；

第三章第一节至第三节赵岩峰，第四节、第五节李丽萍、宗戈非，第五节高岗；

第四章第一节至第三节赵岩峰，第四节、第五节邓怀东、张国威，第六节邵黎明，第七节匡小荣；

第五章第一节、第二节冷先平，第三节邵黎明，第四节王寒；

第六章赵春林；

第七章第一节邵黎明，第二节张大鹏，第三节冷先平，第四节杨继光；

第八章张俊、赵岩峰。

本教材的简介、前言、结束语由赵春林编写，全书的内容确定、文字修改和小插图绘制、校对等全部工作由赵春林、李丽萍、赵岩峰三人完成。白图描绘由李丽萍、宗戈非完成。

  本书在全国各地几次开会的讨论过程中，上海园林学校、北京园林学校、天津园林学校、大连城建学校、湖北城建学校、济南城建学校、新疆城建学校、杭州技校、齐齐哈尔城建学校的领导和同志们都给予了很大的支持，特别是鲁迅美术学院李福来院长、建设部教育司陈副处长、中央美术学院张骏教授、新疆师范大学白多明教授、天津工艺美院赵松涛教授、武汉城建学院杜筱玉教授、武汉纺织工学院郑英明教授、湖北美术学院刘寿祥教授、中国矿业大学刘智远教授、上海同济大学杨义辉教授和张奇老师等积极为本教材提供作品，对教材编写、改编等方面提出了不少宝贵意见，在此一并表示感谢。

  由于缺乏经验，虽然经过二次修改和编写，但仍难免存在一定的缺点和不足，请广大师生、美术爱好者及读者多提宝贵意见。

赵春林
1998.8.10 于北京

目 录

第1章 绪论/1
1.1 绘画的一般概念 /2
1.2 美术在园林艺术中的地位和作用 /2
1.3 园林美术的学习内容和方法 /3

第2章 形体结构 /5
2.1 形体比例/6
2.2 形体的透视结构/7
2.3 构成基础知识/18
2.4 构图知识/35
2.5 基本形体与组合形体的结构/42
2.6 形体结构和平面构成在园林艺术中的应用/46

第3章 园林美学知识/51
3.1 美学基础知识/52
3.2 园林美学的主要内容/55
3.3 园林美学在园林美术中的作用/56

第4章 素描/59
4.1 素描的概念/60
4.2 素描的分类/61
4.3 明暗/63
4.4 素描的特征及应用/67
4.5 静物写生/72
4.6 风景画写生/77
4.7 硬笔画画法/81

第5章 色彩/93
5.1 概述/94
5.2 色彩的基本原理/94
5.3 水彩画画法/100

5.4　水粉画画法/102

第6章　中国山水、花鸟画/107
　　6.1　中国画简介/108
　　6.2　中国画工具和材料/108
　　6.3　中国山水画画法/109
　　6.4　中国花鸟画画法/120

第7章　园林画的表现技法/131
　　7.1　概述/132
　　7.2　园林植物画/133
　　7.3　园林建筑画/135
　　7.4　园林风景画/140
　　7.5　园林鸟瞰画画法/140
　　7.6　电脑园林绘画/150

第8章　汉字和美术字/157
　　8.1　汉字和美术字在园林中的作用/158
　　8.2　汉字的分类/158
　　8.3　汉字和美术字的结构/162
　　8.4　书法作品欣赏/171

参考文献/178
编后语/179
第二版编后语/179

第 1 章 绪 论

园林美术是一门相对独立,以绘画艺术为基础,处于园林环境规划(绿化)设计和绘画艺术两者之间,并将两者融为一体的一门学科。它是为帮助学习园林规划设计、园林绿化、园林施工管理专业的学生提高艺术素养,培养形象思维和丰富的想像能力以及审美能力,同时掌握一些美术、美学和书法理论、美术的表现技法、技巧,更好表现园林规划设计和施工组织意图的需要而开设的一门课程。

园林的设计意图和园林环境氛围,采用绘画的形式去表现,说来并不是一个新课题。早在几百年前,我们的祖先就曾用绘画的语言表达宫苑的设计概貌。优秀的古典园林之所以能有很高的艺术价值,首先在于其与传统绘画艺术等关系极为密切,中国造园艺术与中国山水画的关系更是如此。古代造园过程中有许多地方,就是以山水画为模式进行的。

园林美术,是园林美术工作者用来表现园林美的应用美术。它不同于一般美术,具有实用性,有其自己的特点。

园林设计人员在进行方案的设计、比较、征询意见和送上级审批等过程中,通常用两种方式表达设计意图:一是图纸(其中包括景观效果图或鸟瞰图);二是模型。模型虽具有形体真实感和能从任意角度去观看等优点,但对材料质感的表现,特别是对于环境气氛的反映,却不如鸟瞰图及各种形式的透视图更为真实,生动。另一方面,绘制透视表现图所使用的材料工艺,要比制作模型采用的材料和工艺要简便得多。和一般的设计图纸(如平面、立面、剖面图)相比较,鸟瞰图是采用透视原理生动直观地表现设计构思的。它的形象感和真实感以及直观效果较强。绘制时一般采用绘画造型手段,如线条、明暗、色彩以及用水彩、水粉、国画等绘画方法和材料表现。

园林美术与一般绘画艺术相比,两者在要求上也有所不同。绘制园林美术中的鸟瞰图时,画面形象的准确性和真实感要求较高。因为无论设计者自己用来推敲研究设计方案,或向别人表达自己的设计意图,都必须使画面形象尽可能地忠实于实际,尽可能地符合工程建成后的实际效果。所以,在作鸟瞰图时,不能像纯绘画艺术创作那样带有主观随意性,更不能离开设计意图用写意变形的方法表现对象。园林美术与一般绘画艺术存有共同点。作为同一种艺术表现技法,园林美术与一般绘画艺术在基础学习阶段,在进行构思创作、表达意图时,有许多内容是一致的。园林美术和其他绘画艺术创作一样,都讲求艺术的集中、提炼、概括和典型性。

1.1 绘画的一般概念

绘画是造型艺术之一,它是运用线条、色彩、明暗、面、形、构图等基本手段(单独使用其中一种或将数种互相组合),在二度空间的平面上通过形象表达人们对现实的审美感受和审美需要的一种静态艺术形式。

绘画,产生于人类原始社会,是当时人类的社会生活和审美观念的产物。随着人类社会的发展,它在世界各个民族中形成了各种独特的表现形式、种类和传统,并分为东方绘画和西方绘画两大体系。在种类上,按使用的材料,可分为素描、油画、水彩画、水粉画、中国画、版画、丙烯画等。按题材内容,可分为人物画、风景画、静物画、花鸟画、动物画、建筑画、宗教画、风俗画等。按画面形式的不同,可分为独幅画、连环画、壁画、插图、扇面画、屏风画等。

1.2 美术在园林艺术中的地位和作用

一个园林设计者、管理者必须具备一定的审美水平、艺术修养和生活形象积累,以及掌握表现设计意图的技能。一个园林设计者的艺术修养，主宰和支配着他的设计构思，当他提笔进行设计，就必然体现出一种美学观念。园林的设计与建造过程，就是创造"美"的过程。园林离开"美"，如同人没有灵魂。"美"，是园林艺术的生命。

学习园林美术，正是从审美的角度去观察世界，学会用手中画笔表现自然之美，探索艺术之规律，开拓艺术的视野，陶冶美的情操，改善和美化我们的生存环境。

1.3 园林美术的学习内容和方法

园林美术的学习内容看似很多，其实所有内容都是为园林绘画和设计服务的，园林美术的学习，对其内容要加以总体组织，要重点突出，如果按教学构思进行安排，学习方法大体可分为三个阶段：

第一阶段，从造型艺术的基础——素描开始练习，把握形体结构和透视的变化规律，训练学生手眼能力，用科学方法提高教学质量。

第二阶段，对色彩和色彩构成，中国山水花鸟画画法、美学知识、书法等予以讲解和练习，能用多种方法表现园林景观，用较深的美学理论指导提高园林艺术效果层面。

第三阶段，综合各方面知识，培养对园林鸟瞰图的绘制能力。

园林美术的学习重点是对素描画法的掌握，是园林效果图和鸟瞰图的绘制。它与其他学科一样，要遵循"从简到繁"、"由浅入深"、"循序渐进"的原则。

园林美术要求学生画素描要具有一定的观察能力和表现能力，提高艺术修养和鉴赏水平。掌握素描的基础知识、基础理论和基本技能，具有正确的观察方法，养成正确观察对象，正确分析认识对象的习惯；训练和培养坚实的、严格的造型能力，从而能准确、生动和深刻地表现对象，为学习园林专业和将来进行园林艺术创作和设计打好基础。

学习绘画的开始阶段，树立整体的观察方法是极其重要的，要使学生改正局部观察的习惯。从某种意义上讲，对初学绘画者先锻炼他们用眼睛观察的方法，比先训练手头上的熟练技能更为重要。

素描练习的整个过程，是一个从观察对象(初级认识阶段)，到分析对象(理性分析阶段)，再到表现对象(达到高级的认识阶段)的过程。其中理性分析阶段是十分重要的。它包括各种规律的研究，如结构、形体、透视、运动、构图、明暗等基本规律。懂得掌握并学会运用这些科学的艺术语言，才能较准确地表达客观对象。

在基础绘画的学习中，除动手去画之外，同样应注意艺术理论的学习、研究和探讨。达·芬奇曾说过："那些作画时，单凭实践和肉眼的判断，而不运用理性的画家，就像一面镜子，只会抄袭摆在面前的一切东西，却对它们一无所知"。达·芬奇还指出："热衷于脱离科学而专搞实践的人，正如一个水手，登上了一条没有罗盘、没有舵的船，永远掌握不准船的方向。实践必须建筑在坚实的理论之上……少了它，在绘画上将一事无成"。由此可见，实践和理论的关系，以及两者紧密结合的重要性。

学习色彩，首先要了解色彩的基本概念和运用方法及其自然变化规律和艺术规律。概括地讲，要掌握如下几点：

理解色彩的原理，解析色彩的现象；懂得观察方法，磨炼色彩的感觉；掌握色彩的规律，学会色彩的应用。

如果说素描的学习，理性成分较多的话，那么，色彩的学习，感性成分较多。素描中接触到的形体、光影等自然现象，可结合理性的判断去掌握，而自然界色彩中的千变万化现象虽然有其规律，但要艺术地表现它仅靠理性分析则是远远不够的。所以，要在色彩绘画实践中注重视觉感受能力的训练。要对自然界的色彩多观察，多比较，力求准确、生动和深刻地再现自然情调；要提高艺术修养和鉴赏能力，以领悟色彩的表情特性和色彩本身的表现力。学习美学要掌握美学原理，用它来指导园林中造型、色彩和整体美。

除上述方面，在作画过程中，对手中绘画工具性能的了解和掌握也是很有必要的。不同的工具，有不同的表现效果。如用铅笔与钢笔同样画风景速写，因其各自性能和表现特点不同，就应采取相应的表现手法，发挥手中用笔的最大特点和长处，使画面效果更生动。色彩绘画的用具比素描用具相对来讲要复杂一些，同时表现的技法也很多。现代社会电脑已进入各个领域、作为工具为各行各业服务已极为普遍。园林绘画用电脑来进行其效果具有另一番特色，所以学会和运用电脑工具进行工作是极为必要的，要更好地掌握使用电脑工具，并取得好的效果，还应通过在作画中实际摸索去领会。

在学习园林美术过程中我们还将接触到中国画的学习。学习中国山水花鸟画中的传统理论和独特技法，吸取其精华，对指导园林设计、园林植物造型、配植和鉴赏，以及盆景制作、插花艺术等，都很有意义。通过对中国山水花鸟画的学习，可以借用绘制山水花鸟画的方法来画园林中的各种效果图；可以用山水花鸟画中的各种表现技法及内涵特点来调整处理园林中的景物关系；同时，还可以学习一些山水花鸟画的画法，使之对祖国的传统文化有些了解和继承。

学习鸟瞰图这一章时，要综合前阶段基础绘画中的理论和技法。同时，还应意识到鸟瞰图的绘制，是和所学专业(园林规划、园林绿化)紧密结合的。从某种意义上讲，鸟瞰图的画面效果，是衡量园林美术学习成果的好与坏，或达到怎样一个水平的重要标准。

在学习园林美术理论和技法的同时，对其他相关艺术论著也应注意阅览，只有深刻地了解各个门类艺术的特点与共性，认识艺术的发展史及其规律，特别是美学知识的研究，这对提高艺术的理论和鉴赏水平很有帮助。

由于园林美术课的实践性很强，所以在学习过程中，仅靠课堂上有限的课时，对有些技巧不一定能够掌握，这就要求学生利用课余或假日去多写生，多进行些课外作业的训练。

总之，园林美术的学习应将有关造型艺术的基础知识和能力的训练放在首位。具体地讲，就是在学习一些基本的造型科学知识的同时，结合对客观事物的正确认识和分析，以艺术的观点作指导，以最扼要、简练的方式，准确地把握对象和空间关系、比例、形体结构和色彩关系等基本内容，培养和增强设计、创造的能力。

复习思考题

1. 绘画是一种什么样的艺术形式？
2. 世界绘画的两大体系是什么？中、西方绘画造型主要区别表现在什么地方？
3. 美术在园林艺术中的地位和作用是什么？
4. 园林美术的学习内容大体可分为哪三个阶段？通过园林美术的学习，最终要使学生达到什么水平。

第 2 章 形体结构

本章将着重研究绘画形式构成规律的最基本的内容——比例、透视、平面构成和构图。这几方面都是绘画的基本原理和基本法则。了解构图构成的一般法则和普通规律，掌握透视的基本原理和常规画法，将有助于增强经营画面和在平面上进行各种平面或立体的造型能力。

本章所探讨的内容是作画的重要原则之一——局部必须服从整体，训练学生逻辑思考能力，使学生克服单一看问题的毛病和孤立地观察事物的弱点，克服测绘局部而时常忘记整体观念的弱点。

2.1 形体比例

所谓形体比例，系指形体各部分之间所构成的数量上的比较关系。在我们周围，之所以会见到各种各样的不同形象的特征，其中，在很大程度上取决于我们有意无意地以某个长度为标准（尺度）去掌握形体各部分（三度）之间所构成的比例。因此，正确地认识和掌握形体比例法，就可以准确地表现出形体的造型结构和特征。

在绘画中，认识形体比例的方法，主要有下面两种：

2.1.1 目测法

目测，主要依靠视觉的直觉感受，并采用比较、联系和判断的方法，去观察和认识形体比例构成关系。其中，正确地运用"比较"，是十分重要的。我们知道，比较是获得正确认识的基础。目测法亦是如此。

比较的方法和原则是："由大到小"，"由近及远"。由大到小，就是先从形体大的比例（三度）关系去比较，逐步深入到局部的细小的比例关系。由近及远，就是在确定不同空间距离的比例关系时，先确定近处的大小、长短及位置，再以它为尺度，去测定远处的比例大小。

故此，可以简单地概括为：高度与宽度比，高度与深度比，近处与中间比，近处再与远处比。

目测法还可适当地配以辅助的测量法。用铅笔杆测量，就是一种辅助方式，即用笔杆作测杆，以拇指的升降来代表度量标记。在应用此法时，要求上身直立不动，向前伸直手臂，先截取形体某一长度（自定），并以它作为比较其他部分的依据（尺度），依次比较，这样就获得了形体各部分间的比例关系。但是这种测量法不宜常用。通常它只是为了矫正视觉错误，或者在某个部分难以确定时才偶尔用之。

目测法是认识形体比例的重要方法之一，是培养初学者"绘画感觉"的基础。因此，很有必要加强这方面的锻炼。

2.1.2 定点法

定点法，是确定形体比例常用的一种方法。

具体作法是：在描绘的形体的中央确立一个测量点，依据此点引出十字线。在画面上，相应地作一个直角坐标。然后，分别在垂直线上，量出各部分的高度。在水平线上，定出各部分的宽度。这样很容易地找出形体各部分之间的比例关系（图2-1）。

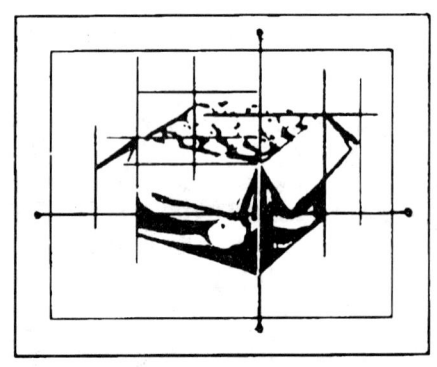

图 2-1 定点法

定点法，主要是通过平面（二度）的定点分析，去再现形体（三度）的比例关系。这种定点法，较适用于长期作业。它可以使被描绘的物体的比例关系具有较强的科学性。以上两种认识形体比例的方法，可以根据实际情况，灵活掌握，既可以单独使用，又可以将两种方法结合运用体现出共同点，并比较其差异程度。因此，在确定弧形体比例关系时，应始终坚持正确运用比较的方法，以便获得更准确、更合理的形体比例。

2.2 形体的透视结构

形体的透视结构，是按照在平面上立体造型的规律，在画面上表现出来形体的立体感和空间感的造型特征。研究透视现象，是初学者掌握正确地描绘形体结构的必要途径。同时，也是提高认识能力和表现力的基础。通常在园林美术中，示意图和送审的效果图多半讲究严格的透视。古今中外，画家在绘画实践中，对透视现象提出了许多见解，经不断发展，积累了丰富的经验，形成了中、西两套不同的体系。本节只简单地加以介绍。

2.2.1 透视的基本概念及规律

1) 运用透视规律，在平面上准确地立体造型

为什么要学习透视？不掌握透视规律能否画好形体结构？这个问题，应该从我们将要实现的目的中寻找答案。如果作画的目的是要求画得比较"准"的话，那就得讲透视。我们知道，形体结构是指物体本身的上下、左右、前后这几部分之间所构成的组合关系。它是立体的，占据着三度空间。那么，我们在平面的画纸上，怎样才能表达出占有三度空间的形体结构呢？这必须借助于透视规律来解决这一矛盾。

透视，简言之，就是透过眼前假设的透明平面去看远处的景物，并将所见景物轮廓如实地描画在这个透明的平面上，将其搬上画面，就得到了这个景物的图像。这种方法叫做透视。如果用绘画的语言来解释，即是采用高、宽（二度关系）的定点分析来再现出景物的立体关系（图2-1）。

透视的实质，就是研究解决外界景物投射在我们眼睛里的"变形"科学。我们将它称为透视规律。这里主要包括有两条：①近大远小的缩形规律。②角度的变形规律。它们都是建立在光线直线传播这一客观规律之上的。

"近大远小"规律，就是当我们在看较近的物体时，由于视角比较大，所以我们就感到物体比较大；而看远处的物体时，由于视角较小，因此我们就觉得它小一些。如果说物体处在无限远的位置上，那么，我们的视角将会重合成一条直线（视线），也就可能感受到它是一个点，或者就根本看不见了，这就是近大远小的透视缩形规律。

表现物体的立体关系的另一手段，就是要通过变形来实现。这里所说的变形，决不是主观臆造，而是"光走直线"这一客观规律造成的物体在我们视觉上的必然反映。视觉感受有较大的可信性。具体做的时候，只要按照实际的视觉感受（变形现象）来描绘，就可以在画面上表现出物体的空间深度和真实感。那么，为什么描绘出来的形象看起来与实物一样呢？这是因为它与实物共同处在透视对应中，即透视图上的每个点同实物上相对应的点都处在一条视线上，所以看起来，它与真实形象是一致的。

在理解了透视成像及透视规律的基础上，我们再来认识和把握形体结构在空间中的透视变化，就容易得多了。特别是，在表现形体结构的深度及背面（视觉看不到的部分）的关系时，透视可以为我们准确地反映它们之间的关系提供方便条件，使我们能够完整地表达出形体结构的真实面貌。

与此同时，应该把透视规律当成深化我们视觉感受的一种手段，而不要被其束缚住。在表现形体结构方面，只要是在感觉上大致符合透视规律就可以了。

2) 透视图形成的基本特点

为了准确地描绘出我们见到物体的立体感

和空间深度，假设在我们眼前设有一个透明平面(画面)，让我们透过这个平面去观察远处的物体，将所见到的物体轮廓直接描绘在这个透明画面上，即作一点投视的中心投影，这个投影，具有近大远小特征，其图像称为"透视图"。

3) 透视常用术语

在绘制透视图时，常用到一些专门术语，我们必须弄清它们的确切含义，以助于理解透视的形成过程和掌握透视的作图方法(图2-2)。

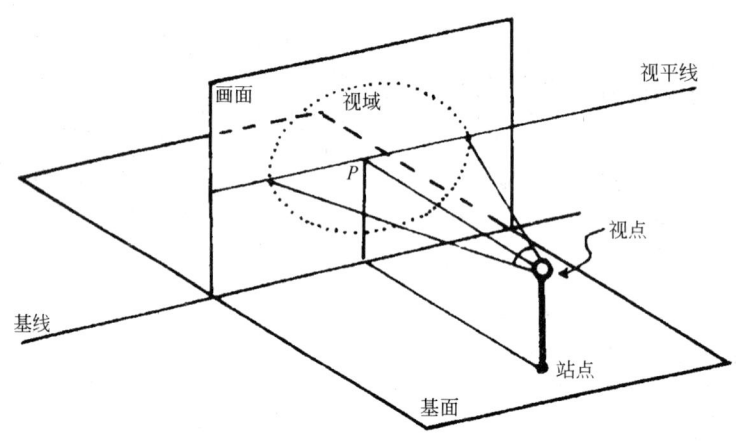

图 2-2　透视作图的几个术语

基面——承载物体的水平面。
画面——透视图所在平面。
基线——画面与基面的交线。
视点——观察点。
视心——视心线和画面的交点。
视平线——视平面和画面的交线。
视距——视点到画面的距离。
视域——当视点固定后，由视点以视角界限向画面引出即视域的范围。

4) 三种透视

我们根据被绘制的物体与画面角度的差异，可以概括地划分为三种透视现象。下面以正方体为例，阐述三种透视的基本特征。

(1) 平行透视

当正方体的一个面与画面平行，其他侧立面与画面垂直时，称为平行透视。其特点是，在透视图上只有一个消失点，即心点(图2-3)。也叫一点透视。

(2) 成角透视

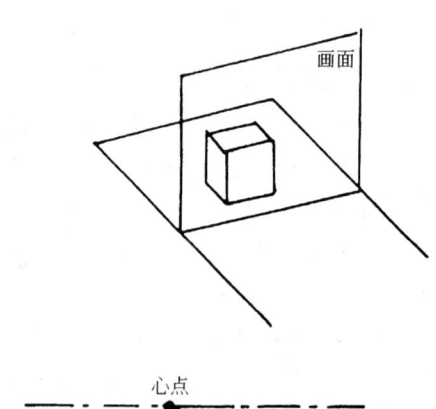

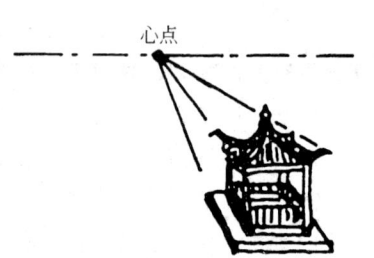

图 2-3　平行透视

当正方体的两个侧立面处于与画面成倾斜角度，水平面与地面相平行时，这种透视关系就叫成角透视。其特点是，在透视图上有两个灭点(图2-4)。也叫两点透视。

面成90°角(平行透视)。参见图2-6。

透视画法：

(1) 先画平置正方形的平面图，然后连接正方形的对角线。

(2) 作透视图。首先确定视平线、视点及心点，然后由视点引45°角水平线，交于视平线上，得两距点(即固定45°直线的灭点)。

(3) 在基线上截取AB边实长，然后将AD、BC两边消失于心点，将BD(对角线)消失到距点1外，便得到正方形AD边的透视深度。之后，再由D点引水平线得C点，这样就画成了平置正方形的透视图(图2-6)。

透视规则：

与画面平行的边线仍然平行；与画面垂直的边线都消失到心点；与画面成45°角的水平线(对角线)都要消失到距点。

正方形，地位高低不同的透视变化：比画者眼高时，越低越扁平；与画者眼等高时，形成一条直线(与视平线重合)；比画者眼低时，越往上越扁平。

正方形，远近不同的透视变化：比画者眼高时，越远越低；比画者眼低时，越远越高。总之，越远越接近视平线。

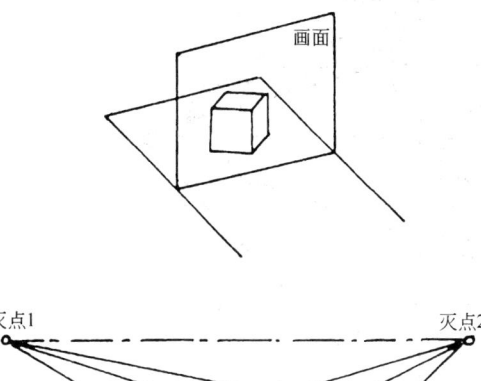

图2-4 成角透视

(3) 倾斜透视

当正方体与画面、地面都成倾斜角度时，这种透视叫做倾斜透视(它相当于我们眼睛向上看或向下看的情景)。其特点是，在透视图上有三个灭点(图2-5)。也叫三点透视。

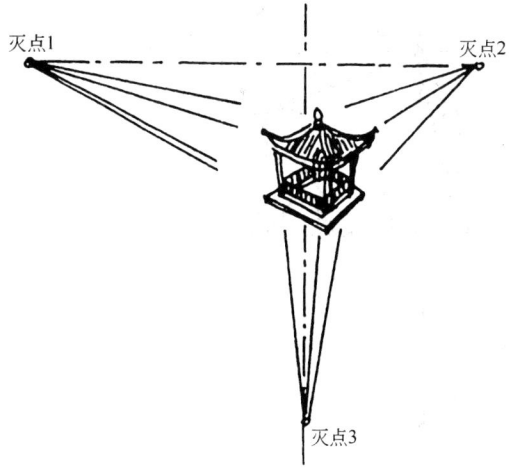

图2-5 倾斜透视

2.2.2 直线形体的透视画法

1) 平置正方形的透视画法

已知：有两边与画面平行，其余两边与画

2) 直立正方形的透视画法

已知：正方形与画面成90°角(图2-7)。

透视画法：

(1) 先作直立正方形的平面图，再将EF边长旋转到画面上，得f。

(2) 定视平线、视点、视重线及距离。

(3) 在基线上定Ef和Ee(真高)，然后由Ef连接距点1与EF消失心点和线相交，便得直立正方形的深度。之后，再连接各点就可画成直立正方形的透视图。

(4) 如果画幅有限，可采用缩短距离法画透视图。具体是，同时缩短点的1/2和正方形边长的1/2，其作法同上。

3) 正方体的透视画法

(1) 正方体的平行透视画法

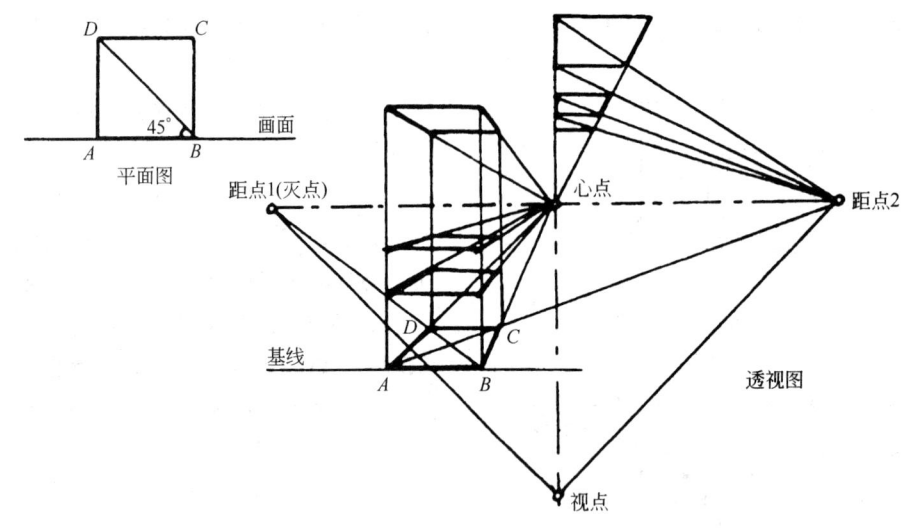

图 2-6 平置正方形的透视画法

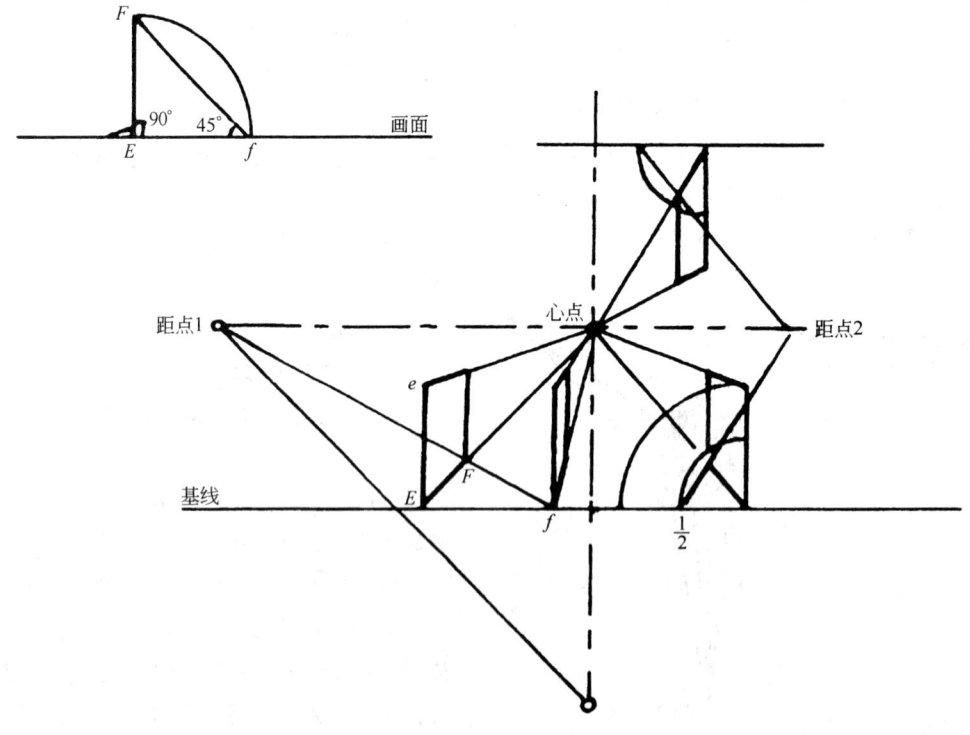

图 2-7 直立正方形的透视画法

我们知道,一个正方体,是由 6 个相同的正方形所组成。由于我们已经学过了平置与直立正方形的透视画法,再来画正方体的平行透视图,就非常容易了(图 2-8)。

(2) 正方体的成角透视画法

已知:正方体左立面与画面成 30°角,右立面成 60°角(图 2-9)。

透视画法:采用灭点、测点法。

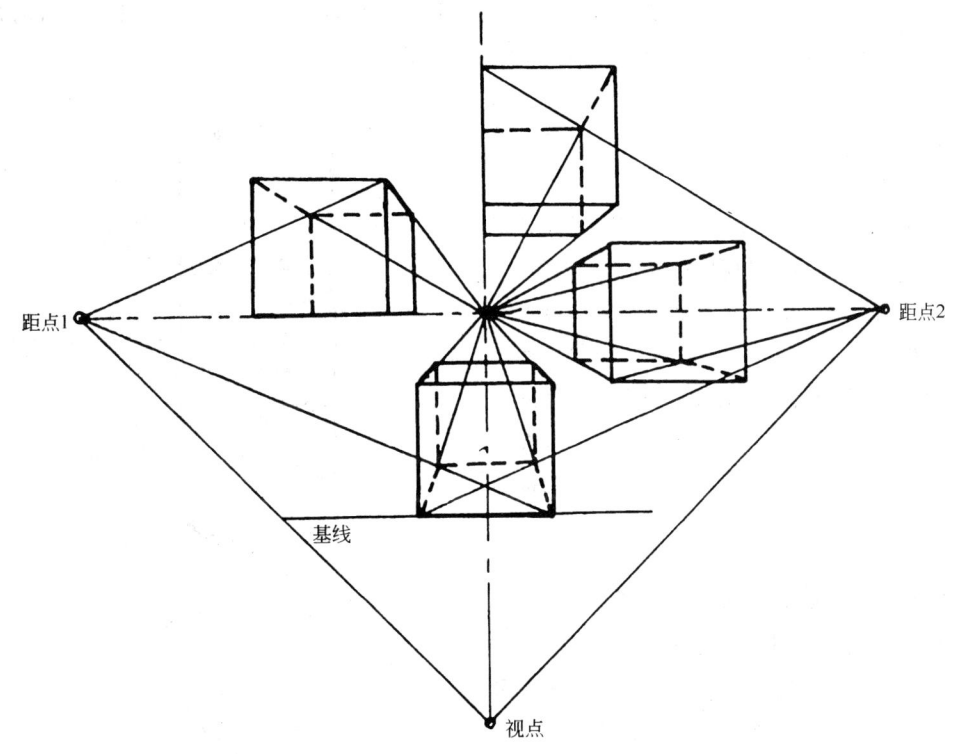

图 2-8 正方体的平行透视画法

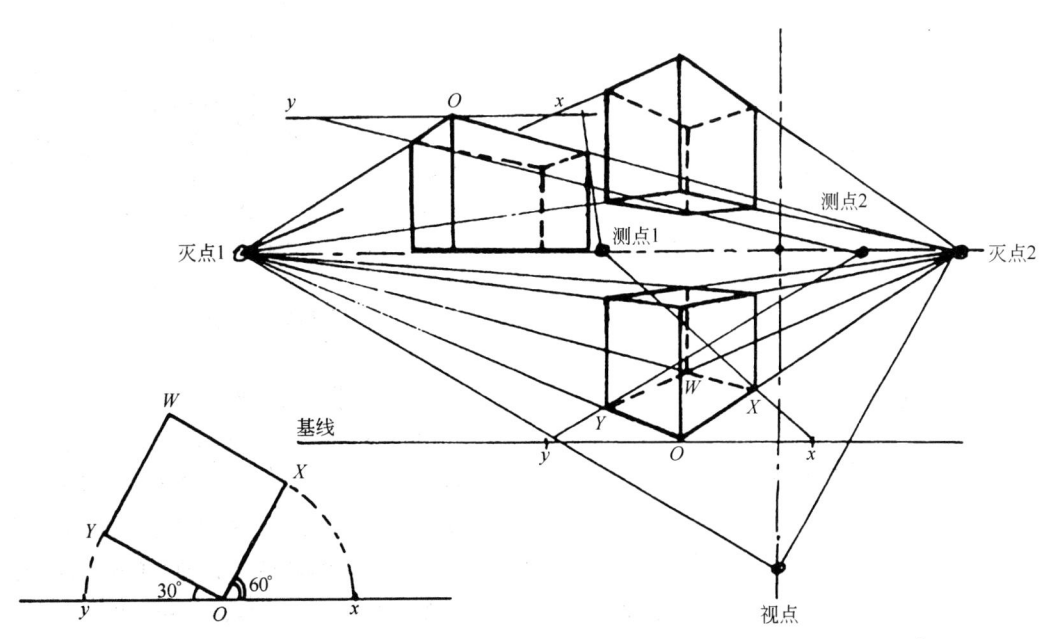

图 2-9 正方体的成角透视画法

先确定视平线、视点及基线,然后由视点分别作30°与60°的两条视线,交于视平线上得灭点1和灭点2,之后再分别以灭点1、2为圆心,以视点到灭点的长度为半径画弧,交于视平线上,得测点1、2。

按平面图给出的尺度,然后由真高 OW 分别连接两灭点,以确定左右两侧立面的透视方向。

接下来,要画出两侧立面的透视深度。作法是:由 x 连接测点 2 得 X,由 y 连接测点 1 得 r,就获得了两侧立面的实际深度,然后分别由 xy 连接各自灭点,便画成了正方体的底面透视图。之后,再分别由底面四角引垂线,连接各点,就画成了正方体的成角透视图。

2.2.3 曲线形体的透视画法

1) 平面与直立圆形的透视画法

无论是平置或直立图形的透视,一般都采取以方求圆的方法来画其透视。这是由于圆的透视,将会变成椭圆,很难画精确。而正方形的透视,则比较容易画。所以,一般都采用这种辅助方法(图2-10)。

以画成圆柱等这类形体的透视结构(图2-11、图2-12)。

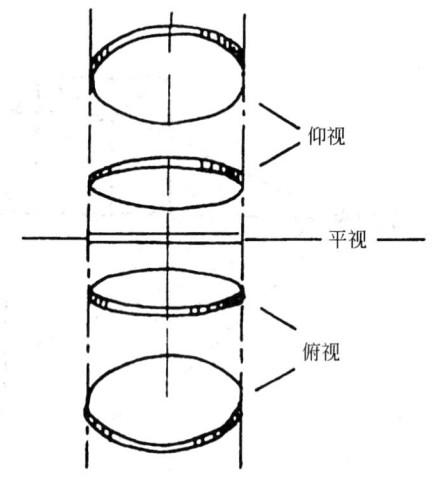

图2-11 圆的三视形状

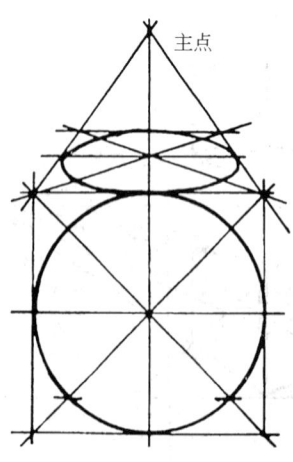

图2-10 圆形的透视画法

2) 圆柱、圆锥、圆台等形体的透视画法

圆柱等其他形体的透视,关键在于要画好两个端面的透视关系。如果两个端面的透视关系处理得好,那么用直线将其连接起来,便可

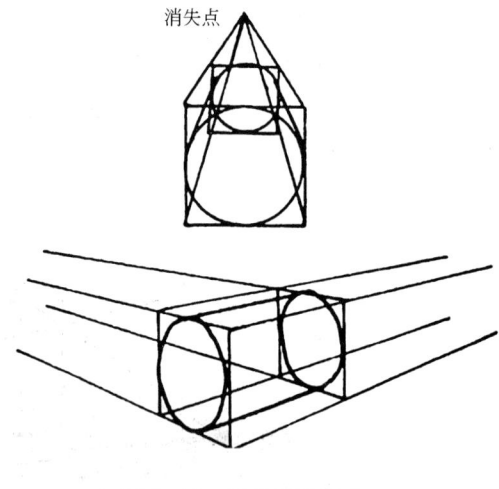

图2-12 圆柱形透视法

2.2.4 散点透视

前面介绍的都是焦点透视,这种透视只有一个固定的焦点。因此,只限于在一个视域里取景作画。用焦点透视法,表现某些大场面或特定的主题,如画完整的园林鸟瞰图就受到一定局限。

散点透视,可根据写生和创作的需要,打破一个视域的界线。视点可以随意移动。在一张画幅里,可以出现很多基本形式,大体归纳常见形式有这样几种:

1) 上下移动视点画法

这种视点移动法，可根据画者实际需要，把画面安排成立轴式。

具体画法是：把要画的立轴式画面分成若干部分。在每一部分中确定一个视点，根据视点作这部分画面的景物透视（即用焦点透视中的平行透视或成角透视法画成）。然后，画第二个部分中的视点景物透视。其余以此类推。当画面所有部分都按焦点透视原理画成后，再从全幅角度出发对各个物体按部分进行景物调整。最后，使人感到整个画面从上到下，看起来统一协调为准。按这种透视法作出的画幅，从上看到下景物都十分清楚，不仅场面大重点突出，还能清楚地表现画面中的所有景物(图2-13)。

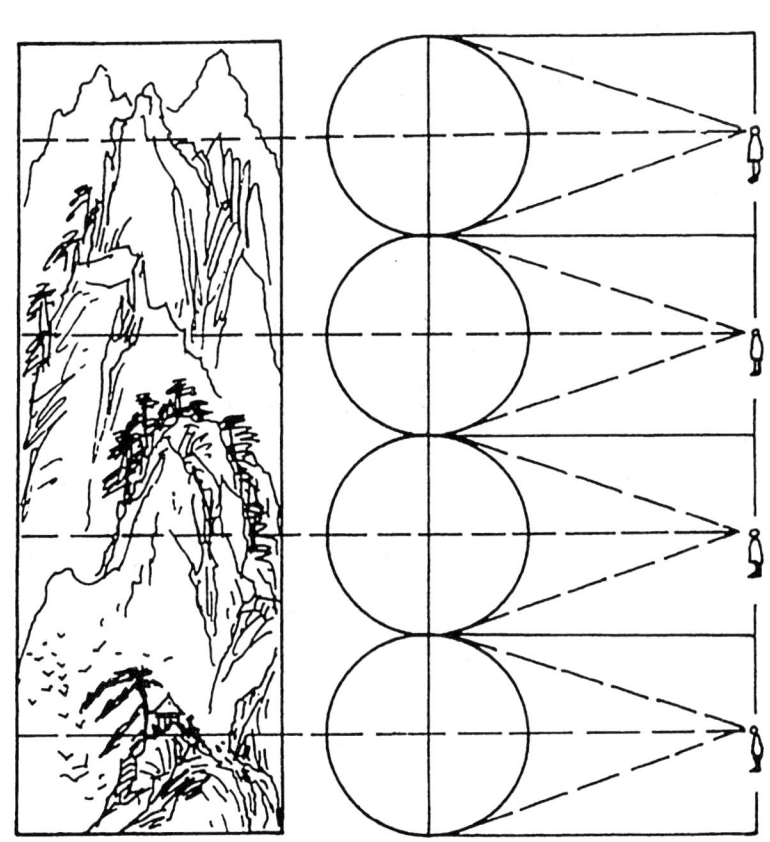

图 2-13　上下移动视点画法

2) 左右连续移动视点画法

这种画法，是把视线以内左右许多视域里的景物连接起来，画成长卷的画法。

其画法是：把某视点作为一个定点，然后从左起在视平线上选一定点。在这定点视域内，对其景物作焦点透视。完成后，在视平线上向右移动一个视域圆的距离，对其景物再作焦点透视。这个透视完成后，再向左移动一个视域圆的距离，在这个视域圆内对其景物继续作焦点透视（图2-14）。

3) 定点转向视点画法

以此方式，在定点原地可连续旋转360°，取其视平线上连续视域圆的景物，绘成展开的长卷画面。这幅画面，犹如一人坐在一转椅上向四周转动看到的景物。这种透视法，叫定点转向法（图2-15）。

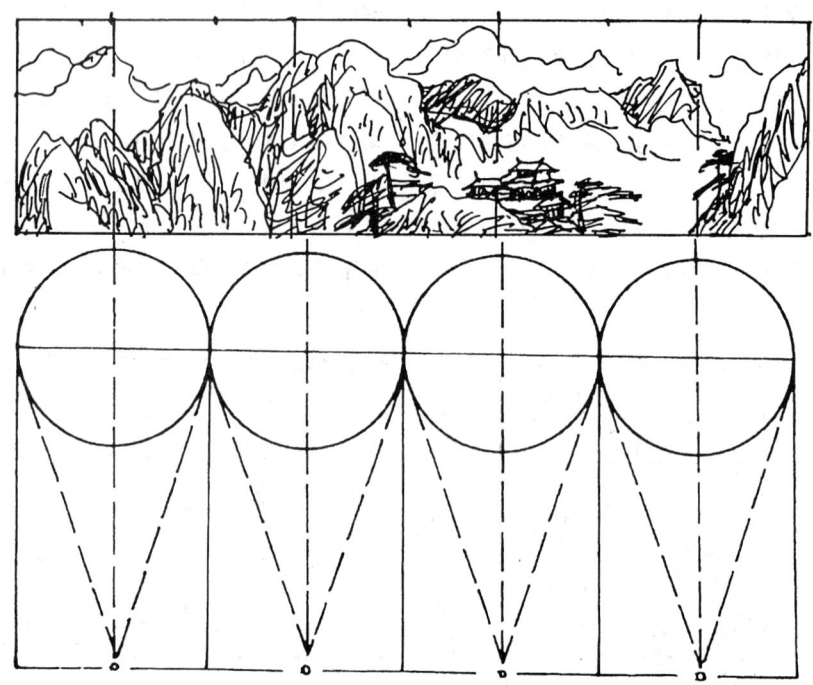

图 2-14 左右连续移动视点画法

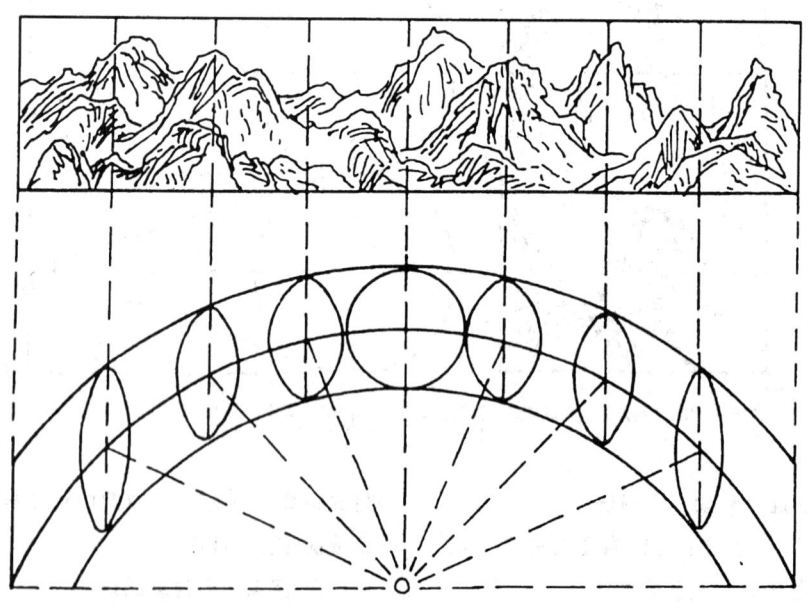

图 2-15 定点转向视点画法

4) 综合移动视点画法

这种画法，不仅可上下移动，还可左右移动，同时也可不按垂直与视平线要求而自由进行移动。可把想要画的任何一地区景物，都可画入一长卷之中。这幅长卷中的景物，一个视域圆内用焦点透视法归纳景物，另一个视域圆内又可采用轴测投影法归纳景物。有时，可同时兼顾，用不同透视法归纳描绘(图2-16)。

这种游动画法，可把远的、近的、左边、右边、高的、低的都搬到一起，统一在一个画面上。下面是绘画过程中透视的应用，供同学学习绘画或设计时参考(图2-17~图2-27)。

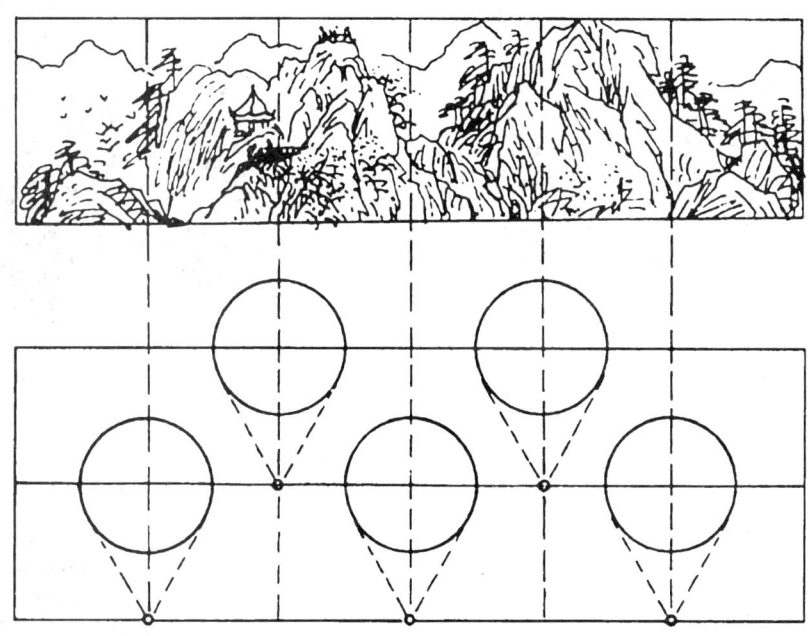

图 2-16　综合移动视点画法

图 2-17　平行透视图例(刘远智)

图 2-18　平行透视图例(刘远智)

图 2-19 平行透视图例(赵树松)

图 2-20 平行透视图例(贾宝珉)

图 2-21 成角透视图例(一)(刘远智)

图 2-22 成角透视图例(二)(刘远智)

图 2-23 成角透视图例

图 2-24　左右移动视点画法(赵树松)

图 2-25　定点转向视点画法(王中年)

图 2-26　综合移动视点画法(赵树松)

图 2-27 综合移动视点画法(王中年)

2.3 构成基础知识

2.3.1 平面构成基础知识

平面构成，是现代视觉传达艺术的基础理论，是构成艺术的一部分，与立体构成和色彩构成相并立。平面构成，是专门研究平面设计的理论。它研究平面构成的要素，要素的特点、性质及在平面中相互的关系和构成规律（图2-28、图2-29、彩图34、彩图35）。

图 2-28 构成图例

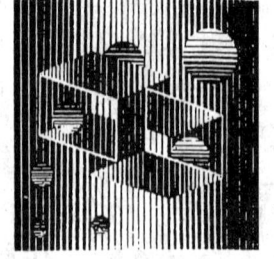

图 2-29 构成图例

所谓平面，是相对于立面而言。它主要解决长宽两度空间的造型问题。所谓构成，是在平面设计中将两个以上要素，按照美的形式法则进行组合，得到一个新的、适合需要的图形。

在平面构成法则应用之前，我们应先了解组合结构所必须的造型三大要素：形态、色彩和质感。

形态：

从词的意义上来理解，形体的样子或姿态称为形态。但在近代绘画中，形是造型的重要要素之一。形或称形态，它与物体的形状含义不同。形状，仅指物体在空间所占有轮廓。而形或形态却是对一切要素统一后的一个综合性称呼。在绘画、设计、建筑、雕塑和工艺等艺术领域中，都存在一个研究形的要素问题。所以这里的形态，不能只从词意上去理解和作简单的解释。

形态从类别来分，可分为现实形态和理念形态。现实形态，是指自然中实际存在的形态，或称具象形态。理念形态，是指不是自然发生，而是经过理念思考而来，也称纯粹形态或抽象形态。

抽象形态，包括几何抽象形态、有机抽象形态、偶然抽象形态。具象形态，包括具体真实的自然形与人为形。

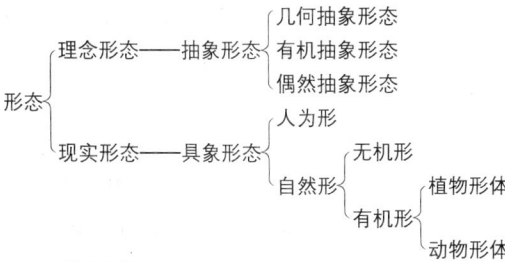

理念形态:

1) 几何抽象形态

这种形态,不属自然的再现或有意义形态,而是纯粹的和理性的形态。其特色是,运用圆规、直尺等各种工具绘制而成。在视觉上,具有明快、冷、硬感觉。这种几何造型在近代极广泛地运用于设计中,是平面构成中的重要应用形式。

2) 有机抽象形态

所谓有机抽象形态,是指有机体的形态而言。如动物和生物的一切细胞组织。在无机物中,如江河中的鹅卵石、水藻等,也属有机抽象形态。它的形状特点是,曲线的、圆滑的、单纯的、合理的。工业设计中,流线型的产生、运用,就是基于这种形态的特点,从它发展而来。

3) 偶然抽象形态

这种形态,不是随心所欲能控制的形态,也不是所能意料确定的形态,而是偶然抽象的形态。这种形态在自然中大量存在。如,天上白云、风化的岩石、雨水痕迹、枯朽的树皮、龟裂的地面、落地碎玻璃、翻倒的墨水、水面浮油等(图 2-30~图 2-33)。

图 2-30　偶然的画例

图 2-31　有机的画例

图 2-32　天空浮云形成的偶然形

图 2-33　器皿打碎后碎片的偶然形

现实形态:

1) **自然形**

自然形态,是指大自然中一切具体而实际存在的物象,包括生物中的动物、植物、无机物,都可称为自然形态。简称自然形。自古以来，人类的造型活动，都是借助大自然而产生的。在绘画中，一山一水、一草一木，都是画家的描写对象。一个贝壳或是一粒矿物结晶，都会成为视觉艺术创作的素材。对于设计师，自然形态也是取材的重要方向。今天，设计师们进一步从新的角度观察研究，除了自然物的外形之外，更从构造机能和形态的关系来寻求更多的启示，以丰富造型和满足美感要求。

2) 人为形

人为形，就是依靠人类的知识和技术而创造出来的各种形，即形态。如，各种家具、手工艺品、交通工具、绘画、建筑、园林小品和雕塑等，皆属人为形态。

色彩：

色彩是造型艺术的重要要素之一。"远看色彩近看花"，色彩，起着先声夺人的作用。因此，色彩是造型艺术中极为重要的内容。

质感：

质感是物体的肌理，也就是物体表面各种视觉特征的性质。质感大体分两种类型：一种以触觉为主的质感。这类质感，是非常直接的，经由触摸，可感觉出来，如衣物等。

另一种以视觉为主的质感，以视觉观察而感到的肌理。这种质感用手触摸是无法感觉到的，如书和图片中的景物等。

质感，通常可以给人们带来不同的心理反应。一般来说，粗杂而无光的面会给人以笨重、凸凹、厚实等感觉；而细密赋有光泽的面则给人以轻快、平易、柔弱等感觉。

我们了解了形态、色彩、质感造型三大要素的基本含义之后，就可研究平面构成的三要素。当我们想构成一画面时，必须找出组成画面的构成要素。这样，才能把握形态、空间及动态。这些构成的要素，可归纳为点、线、面三要素。此三要素，皆有各种不同的视觉效果和反应。当它们各自存在时，点具有集中、线具有伸长、面具有重量和面积的性格。因此，巧妙地将点、线、面运用于各种设计和绘画中，

会产生不同感受，可收到不同的视觉效果。

点、线、面三要素美的形式研究，可分为两大类：

一类是有秩序的美，也叫规则式。这是主要的一种表现形式。它指的是，按确定的数理规则来构造。它们有理可循，可以反复出现，形状也可以预计。可以说，它是定形造型。从其构成方法来看，对称、平衡、重复、群化等形式，以及带有较强韵律感的渐变发射等构成方法，都包括在内。

另一类是打破规则的美，叫不规则式。不规则的形状，是依偶然或随机的因素而得来的，没有明确或简单的数理规则可循，一般不会反复出现，形状也不可预料。这种属于非定形造型。诸如对比、特异、夸张、变形等，都具有打破规则的性质。

在造型设计的元素中，点是一切形态的基础。教学绘画中的点，是很小圆的代替，除具有数量和几何形状的意义外，没有别的含义（图2-34~图2-37）。美术造型中的点，含义就大不一样了，它可以小，也可以相当的大。不仅有形状、面积，也有浓淡。人们一般认识点，只是一个实圆。其实，用三角形、四边形、多边形表示点，也是很多的(图2-38~图2-40)。以圆为图形的点，具有大小、位置两项因素。而用其他图形(如三角形等)表示点，还将增加方向因素(图2-41~图2-43)。点，除了具有上述各种不同的因素外，点还会因邻近形体或背景、色彩与明暗的对比，而影响观者的心理和视觉。

图2-34 飞翔的鸟群乍看有点的视觉效果

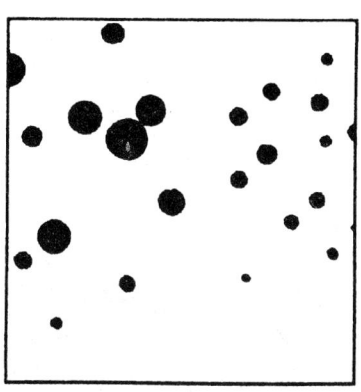

图 2-35 此飞鸟作点之构成图例

图 2-36 草原上的马群乍看有点的视觉效果

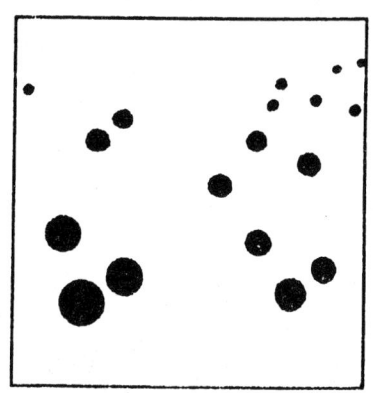

图 2-37 此马群作点之构成图例

图 2-38 实点

图 2-39 三角

图 2-40 多边形

图 2-41 三角形点具有方向性

图 2-42 三角形点具有方向性

图 2-43　三角形点具有方向性

能利用各种骨骼和排列方法，加以构成变化，便可组成无数新的图形。不同的图形，具有不同的作用和功能。有的能产生刺激作用，有的可产生幻觉，有很大的趣味性，对人们有很强的吸引力(图 2-55~图 2-57)。

点，具有张力作用。点的组合，可线化(图 2-44)，可面化(图 2-45、图 2-46)。线，具有很强的感情性格(直线，表示静；曲线，表示动)。线的组合，可面化(图 2-47、图 2-48)，也可以形体化(图 2-49~图 2-54)。面，具有很大的心理作用(直线形，简洁安定；曲线形，柔软活泼等)。组合，可形体化。点、线、面，是基本构形元素。运用这些比较简洁的基本形，根据上述所具有的性质，并利用人的错视效果，再

图 2-46　点密集而成的面

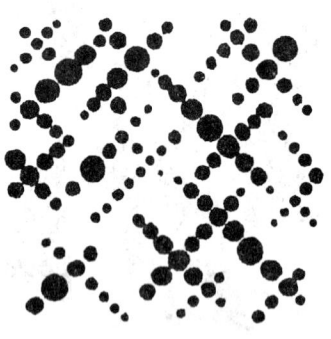

图 2-44　排列成多个平行曲线的点，点排得越密，线化越明显

图 2-47　线集合而成的面

图 2-45　点的面化

图 2-48　线的面化

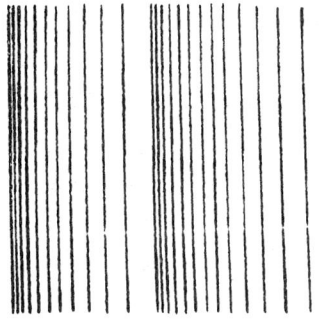
图 2-49

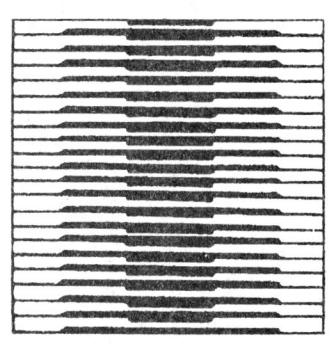
图 2-50 图 2-51

图 2-49~图 2-51 利用线的疏密表现立体感

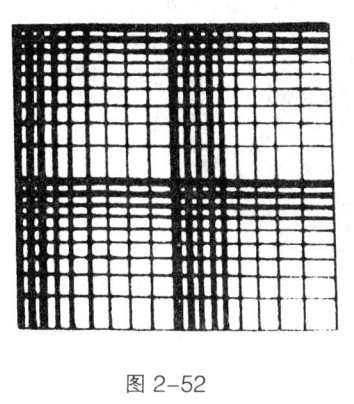
图 2-52

图 2-53

图 2-54

图 2-52~图 2-54 线的构成图形

图 2-55 汤普逊错觉

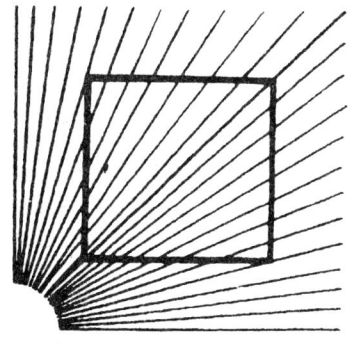

图 2-56 放射线使正方形歪曲

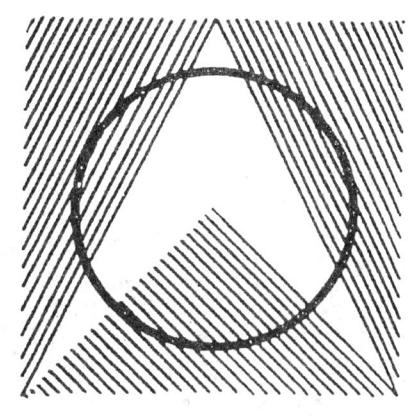

图 2-57 背景线的排列便使圆形变形

学习研究构成的目的，是为了提高绘画和设计水平。在设计中，主要工作是造型。所以，造型是构成研究的主要对象。把基本元素堆集起来，不能算是造型行为。造型的关键，是看把元素组合起来时，能否构成具有强烈吸引力的画面。这里，就有一个如何把造型元素构筑起来的方法问题。具体常用的造型方法，主要是分裂的方法。

分裂方法，大体上分两类，即外推式构形和内延式构形。所谓外推式构形，指的是构成的形状或局部越增加，作品整体面积就越大(图2-58)。也就是从最初布置的形状，不断向外围扩张而成。内延构成，则与之相反。在一定的范围限制下，在面积内部，通过逐步深入加工而使画面更充实，更细致(图2-59)。

外推式构成：

研究外推式构成，就要研究形状配置方法。形状的配置，是指形体元素与形体元素之间的位置相互关系。通过形体元素的各种组合，构成视觉上统一的图形的方式。这种基本关系，从横的来说，有重叠、连接、隔离，即平面的关系。从纵的关系看，有合一、累加，即视线上的关系(图2-60)。

图2-60 重叠合一(不保留原形)

图2-58 外推式

图2-59 内延式

内延式构成：

在造型的设计中，一般内延构成类型设计，比例较多，其中最主要的手法是分割法。分割中有等形分割、等量分割、渐次分割、相似形分割、自由分割等多种形式。这些方面，在今后工作和造型创造中，都可能经常遇到，需在实践中进一步去研究。

除上述两种常用的构成方法外，在造型设计中经常遇到的构成形式(即美的形式法则)，还有对称、平衡、重复、群化、韵律、发射、对比、特异、夸张、变形等(图2-61~图2-73)，在各种设计中都有广泛的应用。这些构成形式和方法的研究及掌握，对我们现代的园林设计是十分有意义的。特别是中国古典园林设计思路，如何在现代社会按新的意识去构思，发展，园林中花卉、树木、山水、建筑等如何配置，学了平面构成知识，将会有启迪作用。

图 2-61 保留原形

图 2-64 发射

图 2-62 左右非对称均衡

图 2-65 发射

图 2-63 发射

图 2-66 特异

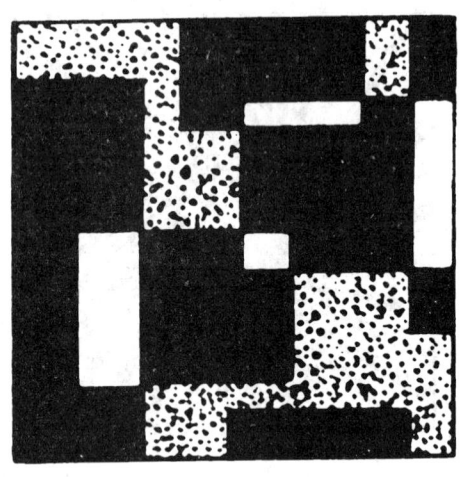

图 2-67 特异

图 2-68 变形

图 2-69 透明感

图 2-70 以二个单位构成的商标

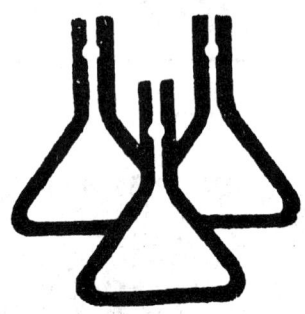

图 2-71 以三个单位构成的商标

图 2-72 以四个单位构成的商标

图 2-73 以八个单位构成的商标

2.3.2 图案构成基础知识

在懂得了一些平面构成的基本原理和规律之后,我们就能据此组织一些图案,也能理解图案结构的构成原理,进行任意组合,创造出各种各样的图案形式。

图案,在园林艺术中的应用非常广泛。园林中的各种建筑,如楼、台、亭、阁及其屋顶、墙角、地面、围栏、门窗等,都有各种各样造型的图案。此外,园林中的花草种植和修剪中的造型,庭院中的规划设计等,也有用图案来组合构成的。园中大图案中有小图案,图案中还有图案。其种类、形式,花样繁多,含义深刻,只要我们稍加注意观察,就会发现中国园林艺术的这一特点。所以,我们要从图案角度专门学习一点图案的构成知识。

图案,是设计"意图"和"方案"的简称,它是装饰形象的依据。

图案分立体图案、平面图案和装饰绘画三大类:

立体图案,包括各种器皿造型设计(陶瓷、搪瓷、塑料、玻璃等器皿)和工业品造型设计(车、船、飞机、家具和机器造型设计)。

平面图案,包括各种纺织品纹样设计、立体造型上的纹样设计、各种装潢设计以及建筑装饰上的琉璃釉瓦件、彩花、藻井图案纹样设计。

装饰绘画,包括壁画、壁挂、浮雕、镂雕等。

图案的变化方法,归纳起来有写实变化和变形变化两种。

写实变化,是以自然形象为主,给予适当取舍、修饰,按其生长结构规律,保留完美的特征(图2-74)。

变形变化,是突破自然形象,充分发挥想像力,大胆取舍加工,但也不应失去对象固有的特色(图2-75)。

图案的构成组织形式,分单独纹样和连续纹样两大类:

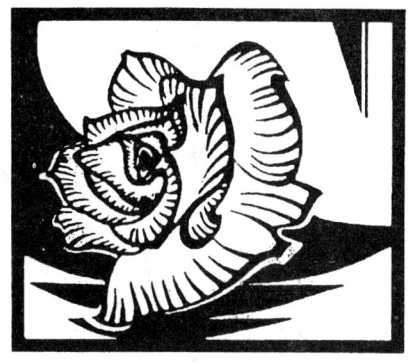

图2-74 写实变化

图2-75 变形变化

1) 单独纹样

在一定的外框形状轮廓之内,不受外界周围环境的影响,布置独立的、完整的纹样。单独纹样分:折枝纹样、角隅纹样、适合纹样。

(1) 折枝纹样:由花朵、叶子、枝梗所组织的有动态的单枝或双枝纹样(图2-76)。

(2) 角隅纹样:又叫角花,是装饰一角或多角的图案。不论一角或多角,其纹样必须放在90°角隅的范围之内进行纹样配置。它的构成形式分自由式、对称式(图2-77、图2-78)。

(3) 适合纹样:是依据不同的外框形,如方形、圆形、多角形等,从其形状轮廓之内通过轴心线、对角线、平行线等分格划定骨架,进行纹样配置。它是折枝纹样重复所形成的一种复合图案(图2-79)。

图 2-76 折枝纹样

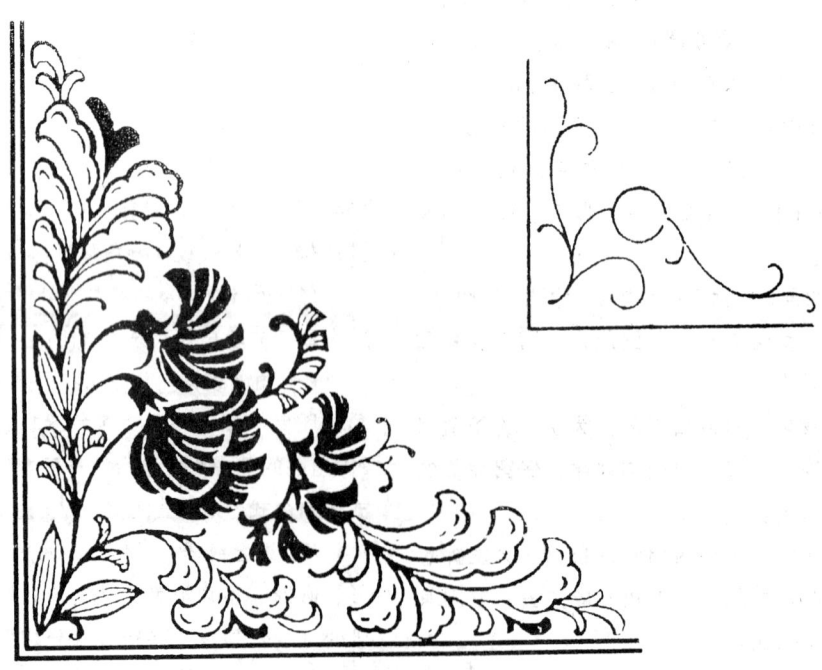

图 2-77 角隅纹样(一)

图 2-78 角隅纹样(二)

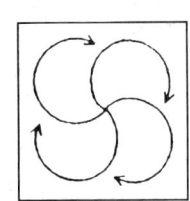

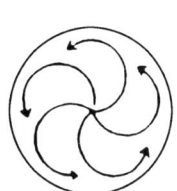

图 2-79 适合纹样

2) 连续纹样

连续纹样，是用一个基本单位向上下或左右或四方无限连接伸展，使它连续成大面积图案设计。它的形式有二方连续和四方连续两种。

(1) 二方连续：由左右两方或上下两方用一个单位的纹样，向两方不断地伸展连续，构成一条带状形状的图案，又称边缘纹样 (图 2-80)。

图 2-80 二方连续

角隅、适合(中心)、二方连续(边缘)纹样综合组成的藻井图案，在建筑上广为运用。

(2) 四方连续：是由一种或多种纹样通过一定的散点排列，同时向上下、左右四方循环连续的图案。在由此形成的一片大面积的图案中，既有连接形状的整体美感，又有重复连续节奏感。

四方连续图案构成形式，有梯形连续排列 (图 2-81)、几何形连续排列平行连续排列之分 (图 2-82、图 2-83)。

图 2-82 几何形连续排列

图 2-81 梯形连续排列

在绘画中点、线、面的组合与构成方法也大量使用，下面选多幅作品供同学参考、借鉴，以便绘画中运用其方法(图 2-84~图 2-90)。

面的组合构成，面和黑白块的组合对比形成了挺拔刚健的节奏感。

块面的组合与黑白的强烈对比形成强有力的块面节奏感。

图 2-83 平行连续排列

图 2-84(a) 线的组合构成具有健美和韵律

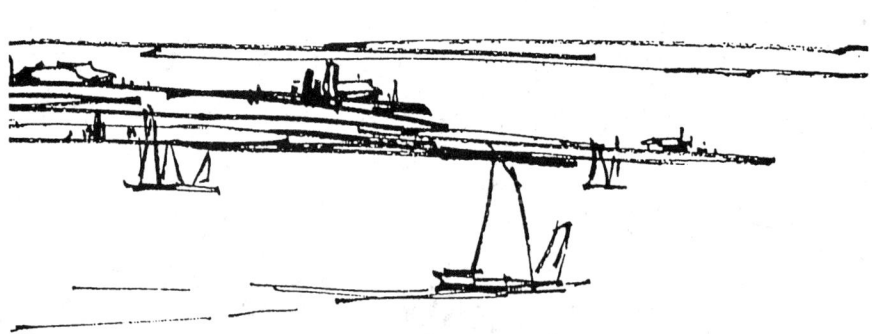

图 2-84(b) 钢笔画(刘远智)

图 2-85 中国山水毛笔画(赵树松)

图 2-86　线的组合构成具有强烈的韵律感和节奏感

图 2-87　（赵春林）

第 2 章＼形体结构

33

图 2-88　（王中年）

图 2-89 块面的组合构成

图 2-90 中国山水画(王中年)

2.4 构图知识

2.4.1 构图概念

构图，是各门造型艺术广泛使用的一个术语，通常指艺术家为了表现作品的主题思想和造成美感效果，在一定的空间，用特定方式安排和处理人、物乃至各种形态要素的关系和位置，把个别或局部的形象和形态要素，组成艺术的整体。

在园林美术中，从构图形式、结构技巧上看，通常指园林形象在画面中占有的位置，以及由此而来的在画面中占有的位置和画面的分割形式(与实有的园林结构形式和结构处理不完全是一回事)，同时，也包括点、线、面、形、明暗、色彩等在画面结构关系中的组织和处理，也可叫画面平面构成和形式构成安排，与中国画中的"布局"、"经营位置"、"章法"等提法比较接近。其实质是作画的人通过构图，再现园林的实有情调和实有的美，并借以表现自己对世界、对生活、对该特定园林环境和形象的看法和情趣。

构图是一个过程，是作画的人把自己的构思、立意从心象变为物象的逐步明朗化、逐步确定化、逐步完善化的物化过程。概括地说，指开始动笔到画面完成的整个过程。按专业术语的通常解释来说，则指定位、定结构关系和组织、处理基本完成这三个相对独立而又很难彼此硬性划分开的基本环节间的连贯的、融合渗透的、转换灵活的统一过程。

作品的独创性与群众喜闻乐见的要求相结合，是园林美术作品构图的基本任务，关键在于富有创见地发现，并表现好的、新的园林美，以满足欣赏者不断发展变化着的审美需求。一切偏差，都是由于对这一基本任务理解不足所造成的。不理解这一基本任务，轻则会使作品失去园林美术的特殊性，淹没到一般美术中去；重则会使作品完全丧失园林美术应具备的宣传功能、说服功能和对工程人员的审美启迪功能。这是园林美术不同于一般美术，尤其是不同于自娱性的美术的重要特征之一。

1) 掌握构图规律，整体经营画面

构图，就是画面的布局。即作者依据一定的构思和立意，把花木、山石、亭台楼阁、墙廊、池沼等园林艺术形象，直至各种形态要素(点、线、面、形、明暗、色彩)加以取舍、提炼，并有计划、有秩序地安排到画面上，使之成为一个完整的、内容与形式完美结合的艺术整体。

在同一个画面中，对景物选择不同的角度、不同的高度、不同的距离，所得的作品效果是不相同的，其意境也是绝对不一样的(图2-91)。

在作画前，应该胸有全局，将那些较好的形象组合在一起，形成一个画面，并且这个画面的视角怎样确定，各种形态要素如点、线、面怎样进行组织、运用等，都要经过多次的推敲和反复的思考。也就是说，在提笔正式作画之前，对自己的作品应有十分把握。完成后的作品应能体现自己的风格、特点、思想、意境，甚至还能看出作者在园林专业方面所独有的特点和修养。从而看出，画面不是盲目地将一些形象和形态要素随便进行胡乱地摆放，七拼八凑地弄到一起就算完事。因此，我们通常把构图作为具体体现构思的第一个步骤。大量的创作证明，有什么样的构思，就会产生什么样的构图形式，而构图好坏必然对未来画面的整体效果产生重大影响。所以，我们在学习构图之前，就应该注意构思的训练。这种训练，对将来从事园林艺术研究和园林设计，将有特殊意义。

构思，指动笔前的思想酝酿。有人主张，构思是直到画画完成时，画家在头脑中思考和筹划的过程，是创作的中心环节。就园林美术而言，构思的内容十分丰富，主要表现在两个方面：

图 2-91 不同视点作品效果
(a)平面；(b)平视；(c)俯视；(d)仰视；(e)中远；(f)较远；(g)近处；(h)转90°角

一是打算在画面上表现什么，造成什么样的意境。围绕这种考虑的同时，还应注意强调哪些东西，淡化直至删除哪些东西等。

二是准备采用什么样的形式手段，去表达这些想法。比如，是采取强烈的对比法，还是采取调和的手法？是以线条刻画好，还是用明暗去描绘好等。

我们在学习构图时，应注意以下三点：

第一，应当注意作品思想或意境的情感基调。园林美术作品的思想或意境的情感基调，通常受以下三个方面的制约：

(1) 各类形象的客观原形本身，便有某种情调，成为作品思想或情感基调的物质基础和依据。比如，花房里的盆花，就不同于自然环境中的野花。盆花写生，对我们了解该品种花木的细致结构和生长变化是很有用的。至于其姿态气势，许多人往往画得极为呆滞。而面对野花，哪怕只是疏枝乱叶，也不难看出它那活泼生动、率直天真的气势和情调。"空山鸟语，清涧花香"的诗意，是那些只到花房里写生的人绝对无法表现出来的。

(2) 主体形象的"基本形"和画面的整体色调，决定着每一构图形式的情感基调。主体形象，即画面上处于各种联系核心地位的或起主导作用的形象，亦即画家希望它能成为观众注意的中心形象。它不仅能以自身引发观众的某些思考、联想和情绪，而且它的"基本形"也同时暗示着某些思想和情绪。所谓"基本形"，并非该形象的实有外形或实际上所看到的轮廓，而是指物体在空间的形体简化和概括成某种几何形体或若干个几何形体的某种组合。立体形象的"基本形"之所以能暗示某些思想和情绪，是由绘画因素的视觉心理所决定的。人类在多年的社会实践和审美实践中，在心理上形成了某些形态要素与某些情绪的联系。如：水下线，开阔平静；垂直线，庄严高耸；波状线，有缓缓蠕动感；斜线，有运动感；曲线，柔美流畅；三角形，稳定坚实；圆形，饱满充实；S形，浑圆反复；V形，摇晃不定。另外，画面的整体色调的决定作用，也是由于同样的原因所促成。如：暗黑色彩，沉闷阴郁；明亮色彩，爽朗愉快；暖色调，兴奋亲近；冷色调，宁静疏远；浓重色彩，厚实深沉；轻淡色彩，单薄清新等。

(3) 作品产生的社会条件和作者创作时的具体情况，决定着作品的基本倾向性。由于这是"艺术概论"中的一个重要问题，论证起来较为复杂，实际变化也较多，对这个问题的探讨，要另外进行。

第二，我们应当明确，构图不仅关系到整体的组织与构成，而且应该是形式美的集中体现。如果一幅作品，在确定其构图过程中，能遵循构图的一般法则，便为探索内容与形式的统一打开了通路。作品的表现力、生命力和说明力，就有了比较可靠的保证。因此，我们把构图的一般法则，视为造型艺术的重要形式构成法则，把构图规律称为一条重要的形式美规律，而且是能从整体上左右作品性质和格调的形式美规律，比那些局部的形式美规律重要得多。

第三，我们学习构图要注意自觉性，要加强平时的修养和训练。虽然构图法则是相对固定的，但是，还有如何灵活运用和如何创新的问题。要做到这一点，需要花大力气，下大功夫。平时观察事物，就要用"形式美的眼睛"去看，用审美的头脑去理解、去思索可能的表现方式。作画时，哪怕是信手速写，也要注意选材、取舍，意境提炼，立体形象"几何形"的敲定，画面中心安排，线条、色彩、明暗的布局，基调的选定，以及技法的处理，方案的选择等。切忌以固定模式去生搬硬套，而要讲究具体处理的创新。

2) 构图的三个基本环节

整个构图过程，可大致分为定位置，定结构关系，组织、处理的基本完成三个既相对独立又密不可分的基本环节。它们呈现在画面上的结果，就是位置、结构图形的大体形态。

（1）定位置

通常是指定位，尤其在写实作品构图中，第一个环节总是定位置。它包括三个彼此互相制约的方面：

A. 定画面尺寸（长宽比例及视野大小）；

B. 定描绘对象的位置及大小，取"天"、"地"（在一些作品中，主要因"大关系"，如明暗关系、色调关系而定）；

C. 定视角。

这三个方面，服从一个基本任务，设置恰当的视觉中心，以利于整体结构关系鲜明、突出、生动、新颖，以利于最终的组织、处理，构成特定的形式美，并将其集中体现出来。

在国画中，特别强调毛笔画出的实体与不着笔墨的空白处之间的关系（虚实关系），十分讲究"计白当黑"。花鸟画，还讲究位置与花鸟的环境、习惯以及民族审美习惯之间的关系。如：画鸡，不能立得太高；画鹰，不能站得太低；荷花上方，只宜配柳枝和花草等。

就我们见到的园林美术作品而言，定位置的具体方式是多种多样的。然而，大体上有些习惯：小品多采用西画定位法，也有少数作品，重国画的"灵气往来，不可窒息，大约左虚右实为布置一定之法"。景点写生，用西画定位法和用山水画定位法的，均不乏佳作；鸟瞰画，采用西画定位法局限很大，此内容在后面专门探讨。

过去的经验告诉我们，多数人总是预先勾出几个方案（意图稿），从中选择一个较为满意的，作为进一步构图的基础。

（2）定结构关系

在大多数西画中，定结构关系，是紧接着定位后的第二个基本环节。在国画里，预先画出结构关系稿，再正式作画的是少数。而西画与国画对结构关系的理解不尽相同。究其原因，可能是结构关系从实质看，集中了大量的视觉冲突，集中体现了艺术辩证法。因而，大量地集中了许多形式美的因素。

结构关系的内涵，十分丰富。许多艺术家和理论家花费了毕生的精力去研究它。我们这本教材，只能就绘画形式构成这一较为狭窄的角度去探讨它的几个基本方面。

A. 西画

首先，要安排主次结构。明确主次关系，是对画面最基本的结构要求。经验证明，立体作为构图的重心，往往起到控制和调节画面全局（整体结构关系）的作用。正因为如此，通常都把主体安排在画面的近景或中景，使其鲜明突出。而且，为了比较容易获得画面平衡，突出主体，除了有特殊需要外，一般总是把画面分成三乘三的九等分（即井字形），把主体安排在中央的1/9的某个地方，次要的部分，则往往作为背景或陪衬的东西处理，使之起烘托主体的作用。

其次，要处理疏密关系。一方面，根据主体部分的疏密特点（包括它们的点、线、面、形、明暗、色彩等形态要素的疏密特点）来决定安排和调整次要形象的背景各部分（包括其形态要素）的疏密变化。通过疏密关系的变化和对比，造成某种节奏，使主体处于"高潮"（视觉矛盾的焦点）位置上，也使整个画面获得结构上的完整感。另一方面，根据整个画面（上下左右的形态要素）的平衡关系，来安排和调整疏密布局，使画面获得结构上的和谐。

B. 国画

国画的结构关系，对照西画而言，同样存在宾主关系和疏密关系之分。但国画对它们的理解，远比西画更为深入。所谓"主"，并非单纯是画面重心或视平衡重心（或中心），而主要是画面情趣的集中处（"画眼"所在的那个形象）和气韵生动之所在。因此，"主"，不一定非占据画面的中央不可，可以灵活安排；往往要看情感和气势之所至。所谓"宾"，并非单纯是"主"的陪衬，而是制约"主"的气势，使其伸张或阻滞。在某些作品中，"实"甚至可以是"虚"，起对照、间隔、渗化、破实等多种多样的作用。如：空白之天、水、云、雾、飞瀑，虚无的"背景"，若断实续的"飞白"，虚中有实，空而不空，以求其生动等效果，使之皆尽其妙，并使画面呈现满幅神韵。

所谓"疏密"，并非单纯是指形象或形态要素的稀少或繁多，更多的是指情感、意气、关系、距离等多方面的疏松或紧密。在画面上的表现方式，也是灵活多样的，都能有效地引起特定的心理反应，是一对内涵丰富的艺术范畴。

更重要的是，上述艺术范畴作为具体关系多不单独呈现于画面之中，而是借助情致、气势、神韵，彼此融汇渗透，并与其他艺术手法(如起、结、开、合等)结合，给人以隽永的整体美感，这似乎是国画能卓立于西画之上最关键的地方。就是少数吸取了东方艺术精华的西方现代派的大师，如马蒂斯等人的作品，也还相差很多，也不可能与国画相提并论。因此，我们可以说，国画中的结构关系内涵比西画更深刻，国画结构关系不如西画的说法，一定要改变认识，还原现实的原貌。中国画构图中，其独到之处，值得园林美术工作者认真研究，认真学习，尤其是中国山水花鸟画，其与园林美术为何有某种天然内在联系，很值得我们深思。我们不应该因国画有更多地表现主观思想意识的内容而拒之门外。

(3) 组织、处理的基本完成

在西画中，组织、处理的完成过程，有时具有较明显的相对独立性。在国画里，这种相对独立性不是很明显。有些因素，融入结构关系之中，形成了某种难于分解的范畴（如"韵律"）；有些因素，则并入技法（如"明暗"并入"浓淡"，失去了原型中的视觉意义，成了偏主观的一种表现手段）。因此，我们这里主要是就西画而言的。

所谓组织，就是按照多样统一的规律，在画面上造成某种特定的，既有视觉矛盾冲突，又有视觉和谐一致的，各方面都恰到好处的整体艺术效果。也有人更为强调、调度所有的对比手段(点、线、面、形、明暗、色彩韵对比，以及量、方向、空间、动势的对比等)和调和手段(联系手段和过渡手段等等)，与主次关系和结构关系，一道结成某个统一的、有韵律的、臻于理想的构图形式。

所谓处理，通常指理的调整，带有较多的技术性质。因此，也有人主张，将它隶属于组织之下，认为它不具有构图"阶段"所应有的较为重要的作用。组织、处理的实质，是在构图形式的大格局确定后所进行的进一步调度和调整。因画种不同，其范围和幅度可以有很大的差别。

2.4.2 构图法则

构图法则，是构图过程中通常认为必须遵守的规律、规则。它们来自客观规律，要受视觉规律、心理规律的支配，也因时代、民族、社会审美习惯和艺术流派的不同而有程度不等的差别。

在西画里，尤其是在古典绘画中，构图法则是相对固定的。在国画中，尽管也有"尚意"、"尚法"两种主张，但总的来看，更讲究"潜气内转"，"出新意于法度之中，奇妙理于豪放之外"（苏轼论吴道子画）。总结几条法则的尝试自古有之，至今不绝。然而，总是有许多佳作打破这些法则，仿佛有意出奇制胜似的。因此，我们只着重讨论西画构图的几条法则，而把国画法则的研究，留给同学们以后去做。

1) 均衡

所谓均衡，是指画面上下左右各部分之间，体现出某种视觉平衡、均衡法则。客观上，来自力学的平衡原理。物理学上有两种平衡：对称平衡(等力臂平衡)，如天平两端重量相等(图2-92)；非对称平衡 (非等力臂平衡)，如杆秤两端重量与力臂长度成反比 (图2-93)。生活经验造成了人们的视觉平衡感，用到构图上，便可以调节和控制画面的"重量平衡"。

图 2-92 对称平衡

图 2-93 不对称平衡

具体地说,在构图中,往往设置一个画面重心,再通过形象及明暗、色彩等造型要素的恰当配置,去获得画面的视觉平衡。我们都知道,不同的形、明暗、色影的配置,会使人产生不同的轻重感。比如:面积大的比面积小的感觉重;暗色块比明色块感觉重;形体相同,明暗对比关系不同,也会产生不同的轻重感;线条、形状的疏密、聚散产生的轻重感,也会各不相同等。构图形式上的均衡,就是利用这些因素的精心布置来体现的。

在实际构图时,一般都采用非对称均衡方式来布局。这种均衡形式的特点是,布置自由舒展,形式富于变化,效果生动活泼。正因为如此,历来画家大多采用这种非对称均衡形式安排构图,以便获得多样统一的画面效果。

2) 对比与调和

对比常规为:线条的长短、粗细、虚实、疏密、开合等,色彩的冷暖、强弱,色块大小明暗的对比、浓淡、节奏等,形体的大小、主次、方圆等,形象的积极与消极、动与静、刚与柔、技法的枯润、厚薄等。

调和,一般指非对立因素的联系和对立因素的有中介的过渡。

3) 黄金比

(1) 黄金比与黄金矩形

黄金比,亦称黄金律、中外比。据说,毕达哥拉斯曾请友人把长为 L 的木棒按最满意的比例分开,毕氏发现了 $X:L=(L-X):X$ 这一公式彼此分下去,比例可严格保持,以至无穷。它能产生最悦目的形象(例如,希腊帕提农神殿,便是根据黄金比分割)。人双手下垂,中指尖处也可按比例分截身高,其比约为 0.618,故称"黄金分割"(图 2-94)。

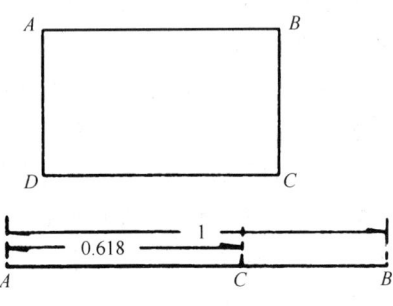

图 2-94 黄金分割

(2) 黄金比在构图中的应用

由于黄金比和黄金矩形的美学性质,以及很容易无穷分割的性质,它们在建筑、美术、工艺等造型艺术中便得到了广泛的应用(图 2-95)。黄金比在构图中的应用,主要有如下几个方面:

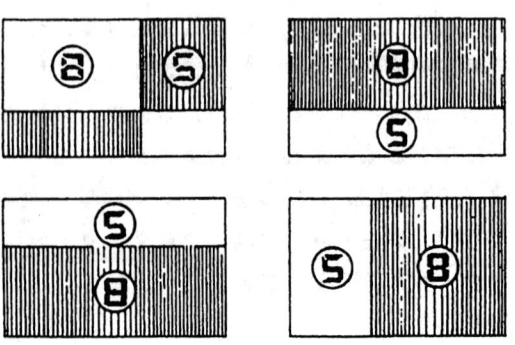

图 2-95 黄金比在构图中的应用

A. 制定舒适的画幅比例;

B. 确定构图中心(主体位置);

C. 分割理想的画面空间;

D. 制定和调整色块布局;

E. 安排地平线位置。

法国大画家米勒的举世名作《牧羊女》的构图,可以说是成功地运用黄金比的典范。画幅比例的选择,主人公位置的安排及地平线的确定等,均体现出黄金比所特有的形式美感。黄金比使这幅画充满了恬静的气氛,产生了巨大的表现力和艺术感染力。

在实际运用中,并不完全采取 0.618 的固定比率。最简单的方法,是按照数列 2、3、5、8、13、21……得出 2:3,3:5,5:8,8:13,13:21 等比值作为近似值。

(3) 黄金比的画法

A. 将 AC 线段分割成黄金比

取 AC 的 1/2 为半径,C 为圆心,求出 D 点,再以 D 点为圆心,DC 为半径,求得 E 点,然后以 A 点为圆心,AE 为半径,求得 B 点,B 点即为黄金比分割点(图 2-96)。

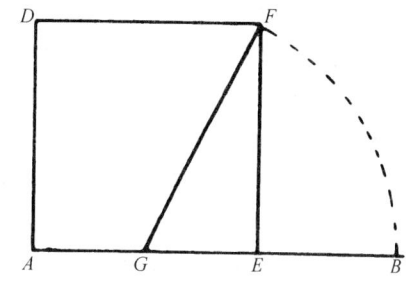

图 2-97 黄金矩形画法(一)

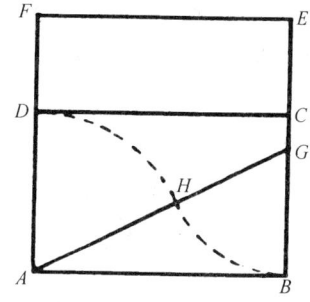

图 2-98 黄金矩形画法(二)

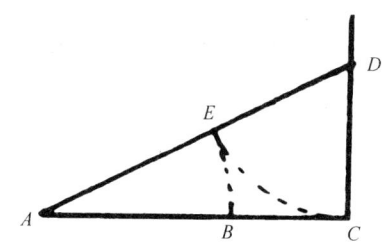

图 2-96 黄金比画法

B. 以正方形的一边求黄金矩形

以 AE 的中心点 G 为圆心,GF 为半径画圆弧,交于 AE 的延长线 B 点。以 B 点作 AD 的平行线相交 DF 的延长线得 C 点,矩形 ABCD 为黄金矩形(图 2-97、图 2-98)。

C. 以正方形对角线为边长求黄金矩形

以 B 为圆心,BD 为半径,求 D' 点;再以 B 为圆心,BE 为半径,求 E' 点等。各矩形 ABD'E、ABE'F、ABF'G、ABG'H 为黄金矩形(图 2-99、图 2-100)。

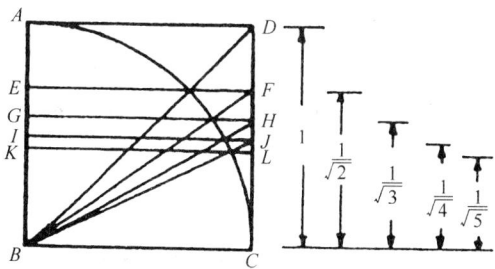

图 2-99 黄金矩形求法(一)

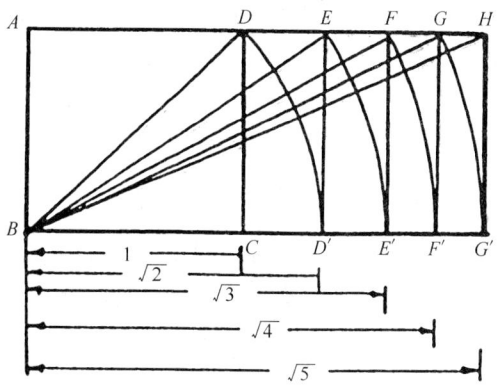

图 2-100 黄金矩形求法(二)

4) 节奏

节奏原系音乐术语，是指有规律地重复出现的意思。在绘画中，被引申为点、线、面、形体、明暗、色彩等因素的重复或交替出现。我们通过观察这种画面，便会获得视觉上的节奏感。

节奏体现在构图中，通常被认为是组织画面的基础。可以这样说，在画面上几乎所有的造型因素，都包含有节奏的组织和变化的问题。比如说，画面形象的布置，黑、白、灰色块及色彩的组织搭配，空间的分割，疏密关系的制定与调整等，都无不体现出节奏所特有的组织和控制功能。因此说，它有很大的活力，即使是很平淡无奇的题材，只要能体现出某种节奏，就会给人以深刻的印象和视觉上的快感。

节奏，还可以渲染画面气氛的情趣。由于节奏具有一定的高低起伏的形式特性，它就成了激发情感、表达情感的理想手段。除了具有实际的感情方面作用外，也是表达感情艺术领域里最有影响的因素。节奏，能激发和丰富人们的想像力，使观众通过观察具有节奏感的画面，想像或体会到作者的意图和情趣。

达·芬奇的代表作《最后的晚餐》，利用了高低起伏的形式线，表现了一种有所控制的骚动情绪，生动地揭示了耶稣与十二门徒之间戏剧性的心理冲突和感情变化，在水平线与起伏线的相互作用中，体现了节奏对比的形式美感。

2.5 基本形体与组合形体的结构

2.5.1 基本形体与组合形体的种类

许多园林形象，都可以简化为基本形体或组合形体。园林建筑尤其如此。

基本形体，主要包括：立方体、长方体、圆柱体、圆锥体、圆台体、球体、棱柱体、棱锥体等规则形体。

组合形体，系指由两个基本形体相交构成的组合体。如：两个长方体的组合体，两个圆柱体的组合体，圆锥与圆柱组合体等。如公园中的蘑菇亭就是由四个几何形体组成的(图2-101)。

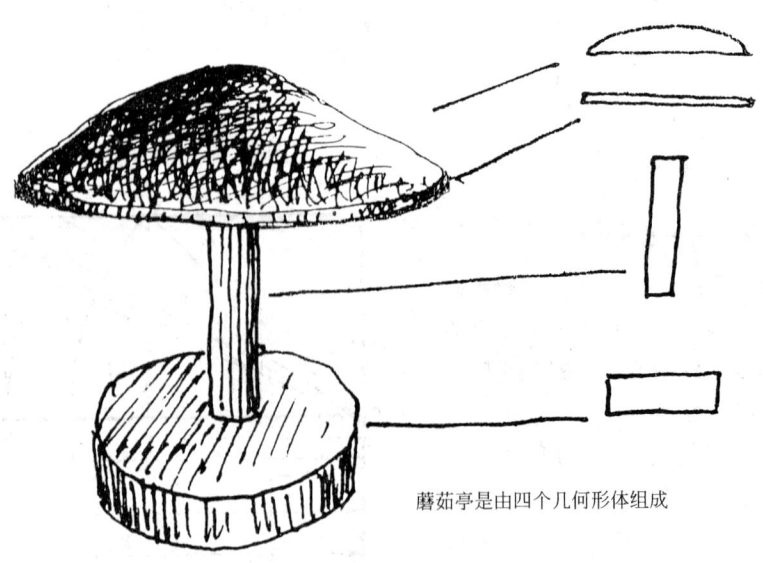

蘑菇亭是由四个几何形体组成

图2-101 几何形体组合物

2.5.2 徒手画的概念及意义

所谓徒手画,就是指在表现方法上不借用其他绘图器具(三角尺、直尺、圆规等),而单靠手去描绘的方法,如园林风景写生等(图2-102)。

图2-102 天坛祈年殿(马作迅)

如果说,透视是解决立体造型的"法";那么,徒手画是在"用法"。初学者可以通过大量的这方面练习,来提高自己对形体的认识能力和表现能力。事实上,大部分园林美术作品,如园林速写、园林风景写生或部分园林设计,包括借用绘画器具和徒手两种形式并用而画出的设计,都是徒手画。因此说,徒手画是表现园林美的重要方法,既有欣赏价值,也有很重要的实用意义(图2-103)。

2.5.3 徒手画应注意的问题

1) 要注意视平线与视垂线的作用

当我们面对着形体,或离开形体作徒手画时,遇到的第一个问题,就是怎样确定形体在我们视点的什么位置上?是在上,还是在

图2-103 颐和园赤城霞飞(马作迅)

下?是偏左,还是偏右?倘若在脑子里保持着这"两条线"的印象,那么确定位置就成了一件很容易的事。有了具体的位置,再来画形体的透视关系,就有了充分的依据。当然,也就可以理解到我们应该见到物体的哪几个面以及各自的大小比例。如果忽视了这条线的作用,或者印象淡薄,就会产生位置不明确的错误。

2) 要注意选定灭点

灭点的位置,主要是由形体与画面之间的位置关系来决定的。

值得注意的是,为了防止在徒手画过程中产生消失上的错误,一般的方法是,通过延长边线(变线)的办法,去检查灭点是否都消失在一条视平线上(指平视)。初学者画立方体,最容易出现的错误是两个灭点没有消失在一条视平线上。

2.5.4 徒手画基本形体结构

1) 徒手画立方体及其他形体结构

立方体,在基本形体中,它是各种代表性

形体之一。如果它能画得准，那么对于表现其他形体来说，就迎刃而解了。一般来讲，在表现球类形体结构关系时，都放在立方体里来画（图 2-104）。

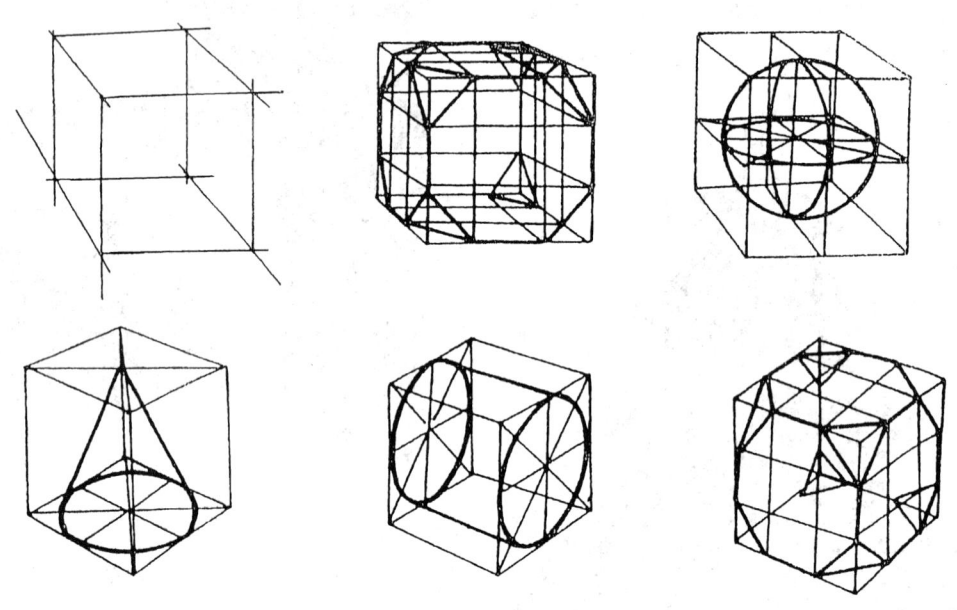

图 2-104　立方体及其他形体结构

2) 徒手画长方体及其他形体结构

长方体，也是很有造型意义的形体。它可以将许多对称结构的形体（柱体、锥体等），安置在本身的框架结构之中进行表现，起到辅助的作用（图 2-105）。

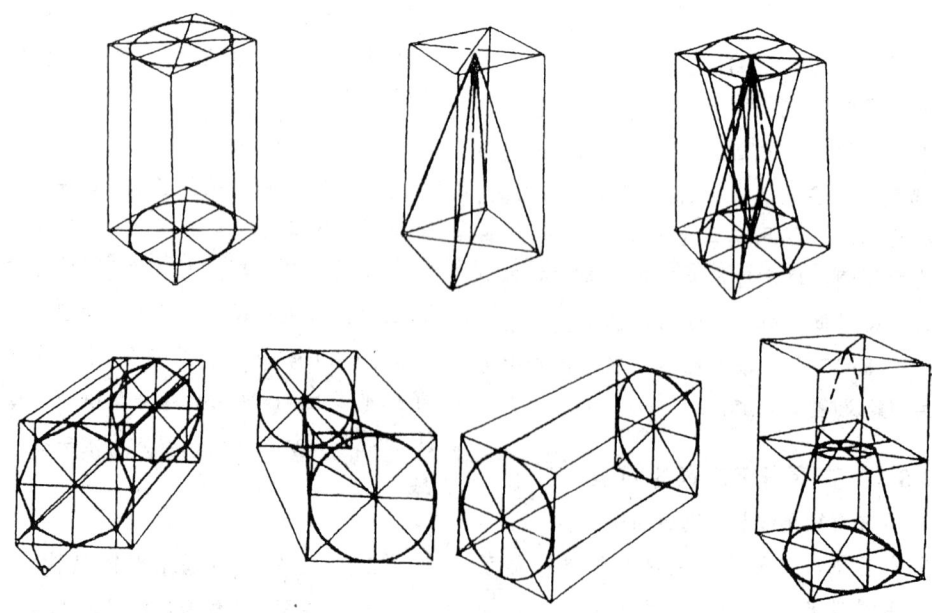

图 2-105　长方体等形体结构

2.5.5 徒手画组合形体结构

1) 四棱锥与长方体相贯组合体的徒手画法

为了便于理解两者之间的构成关系，我们用铁丝制成骨架结构的形式来示意两者的构成方式，即先作出四棱锥的底面，找出中心点，定出棱锥的高度，以及长方体在锥体上的确切位置，然后分别画出长方体的直立对角线的高和宽，以及水平对角线的高和宽。这样，棱锥与长方体的骨架构成关系就基本确定了。然后，把所见到的轮廓线连起来，就表现出四棱锥与长方体相贯组合体的特征了（图2-106）。

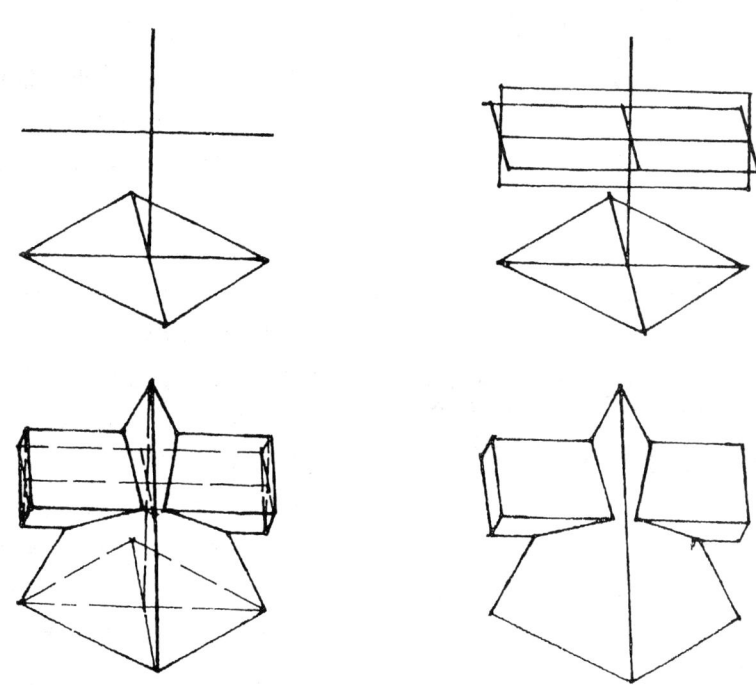

图 2-106　四棱锥与长方体相贯组合体的徒手画法

在表达这类组合形体结构时，比较难处理的，就是两个形体的相交线(相贯线)。当然，也是我们开始绘画时最容易忽视的问题。

下面简述相交线的求法：

我们知道，线是由点集合而成的。这就是说，找到两个形体的相交点，也就可以画它们的相交线。首先，作长方体水平对角线平面的水平投影(即从上往下，作垂直投影)，在基面上就得到了长方体的基透视。由于基透视平行于长方体的对角水平面，因此它们应该共同消失于一个灭点上。当基透视在往灭点消失的过程中，肯定与四棱锥的底边相交，将这些交点向锥顶连线，与上面长方体水平棱边相交，那么这个交点就是四棱锥与长方体相交线上的点(即距我们最近棱边与锥体相交的点)。然后再连接其他两点，就画成了两个形体的相交线。

上面，是画两个形体相交的相交线的理论作法。在实际表现这种相交组合体时，可以不这样做，免得太麻烦，但是，作为理论上的了解，还是有必要的。

2) 两个长方体相交组合的徒手画法

具体画法同上(图2-107)。

相交组合形体，还有一些。这里，就不再一一枚举了。只要大家善于理解和掌握它们各自的构成关系，并借助一些透视规律和其他辅助手法，就能正确地表达出它们的结构关系。

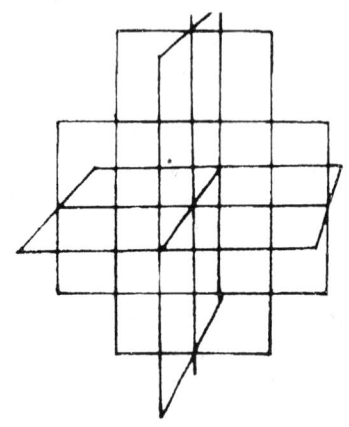

图 2-107　两个长方体相交组合的徒手画法

2.6　形体结构和平面构成在园林艺术中的应用

形式结构与形体结构，在园林规划设计中应用得十分广泛。它体现了艺术创作的园林美。

然而，在创作过程中，总是存在着设计者本人的创作个性，还有创作的一般规律和自然科学基础。仅就园林建筑而言，除要求群体与个体在形式统一之外，在总体布局上，也要求形式上统一。只有这样，才能给人以协调的园林美感。可见，形式结构与形体结构有着宏观与微观、整体与局部的统一协调关系。所以，设计的主体与全局必须有机联系，协调配合。这样，才能表现园林美中的韵律，使游人感到惬意。

2.6.1　园林设计重在创造统一感

一件园林艺术创作，首先表现在形式结构与形体结构的统一。也就是形式的统一，局部与整体的统一，线条的统一，材料的统一，以及表现在整体与环境方面的种种协调关系。这是园林艺术创作的重要原则之一(图 2-108)。

园林建筑与构筑物的形式，往往不是自然现象的再现，而是建筑艺术的创作。它有时必须作为配角与自然景物相融合，使天然山水景物浑然一体，相得益彰。

园林，应以园林植物为主，而不是以建筑为主，一定要防止喧宾夺主。要想创造一件良好统一感的园林作品，无非是把地形地貌、建筑道路以及园林植物这三方面作一整体来考虑。假若三者割裂开，势必破坏整体与局部、形式与形体的统一。这是与园林构图整体性原则相违背的。

图 2-108　水亭窗、栏的造型统一又有变化

2.6.2 协调是形成园林美的重要原则

在园林设计中，形式结构与形体结构如能配合得好，就会使园林艺术创作达到完美的境界，以及多样化的统一。在园林中，协调一般表现在体形、比例、线条、虚实、色彩和明暗等诸方面。景物间的协调，既有共性，又有个性。怎样使个性孕育于共性之中，表现园林美，是一个实际课题。

形体结构，可视为一个局部单体，它有自己的属性。而在实际设计应用上，要服从于整体结构的要求，以表现形体结构的艺术美。如在一个园林设计中，形状相似而大小或排列上有变化的单体，可以从整体布局上加以协调，使其外观上达到统一和谐。有时也出现两种形体不同而重复出现的，也要在整体谐调的原则下，以相似协调的手法来处理。

在设计中，有时重复出现体形相似的形体，目的在于丰富全局构图的美感。如：圆形与椭圆形、方形与长方形、棱形与斜三角形等。在具体处理上，也要根据相似特征，在总体布局统一的条件下，也可表现相似的个性。这就要进行近似协调处理，使园林构图内容，既协调又表现其各自的属性，以此来丰富、活跃其内容，给人以美的享受。

无论相似协调，还是近似协调，主要是表现整体的园林美、自然美，而绝不许有一点牵强造作之意。但值得注意的是，形式结构与形体结构达到统一协调的同时，也一定要与四周环境相和谐，不能只顾一点而不计其余。如某地大学，在现代高层建筑间，花大力气建造苏州式园林；又某校在非闭锁空间，依次修建了古亭、长廊，并与现代亭廊相间出现，这就显得既不匹配和谐，又使人十分烦躁。所以，一个园林设计，除局部造型协调之外，还要与四周环境相谐调，造成一种令人愉悦的协调感。在局部与局部之间、局部与整体之间、整体与环境之间，都要处理得恰到好处。不要单纯强调景观的艺术性，同时还要关注对游人的功能效果。这也是评价园林高下、优劣的标准之一。

2.6.3 对比在设计中的运用

对比与协调，往往形成两种不同的效果。

由于两者差异大，致使整体与局部失去协调。所以，从统一到对比发生不同的变化，需要处理好形式结构与形体结构的关系。

但是，有时在设计上，用对比来突出主体形象也会收到满意的效果。如：在体形、方向、开合、明暗、虚实以及色彩等方面，都可以运用对比得到烘托的良好效果。依此来突出表现某一景点或景观，达到引人注目的目的。然而对比的手法却不宜多用。其原因是，对比常引起感觉上的激动、强烈、兴奋、突然和仰慕等。而游人在游览过程中所需要的是安静、平和。如果对比运用较多，会使人始终处于精神紧张状态，给人带来倦意，其效果往往适得其反。尽管如此，对比在园林中的运用是较多的，而且方法也颇多。如：北京天安门前的人民英雄纪念碑就是以周围暗绿色松林来突出纪念碑主景的，使其有绝对的优势，表现明显的效果。

用烘托的手法来表现主景，在我国古代山水园林中早已被运用。正如古诗中所云："万绿丛中一点红"。这是利用植物色彩的对比来达到突出主景的目的，用植物烘托植物，收到了理想的效果。现代园林又有所发展，它是在色彩对比的基础上，又巧妙地运用各种线条等烘托手法，来表现园林主景。

其次，形体上的对比。俗话说"山小显水大，水小显山高。"这是形体上山水结合的对比手法。由于水面平坦是水平方向，山势高低是垂直方向，二者的对比会达到明显的效果。

此外，像背景的对比、面积大小的对比、水中建岛的对比、明暗的对比等手法在园林中也得到广泛的运用。总之，人们可在园林实践中，注意观察四周环境，只要对比运用得恰到好处，园林作品定会收到理想的效果(图2-109)。

图 2-109 统一与对比

三座建筑造型风格统一；建筑与人的对比看出亭的高大

2.6.4 比例的运用

比例，系指园林中景物在体形上的关系。这里既有景物本身的长、宽、厚的比例关系，又有景物之间的比例关系。处理好比例关系，可给游人以良好的审美感受。例如华盛顿国会大厦前的大型园林，水池、草坪、乔木等都是大型的，使游人看起来感到宏伟。而像面积较小的日本古典园林，置木、设石以及装饰小品等均以小型取胜，这样使游人感到亲切。在考虑比例的同时，还必须从局部到整体，从微观到宏观，从近期到远期，以及与客观的需要相结合。结合得好，便可能成为一件优秀的园林艺术作品。

就园林建筑而言，一般在园林中应有一个主体建筑，并以其体形、大小、高矮等因素作为考虑其他景物的出发点。一般均以其他建筑、建筑小品、道路、植物、水面大小以及分区规划等来突出主体建筑物。如果其中一物配置不得体，将会破坏全局之构图。

在人工造景与自然山水相结合方面，自古已有先例。如：武夷山的九曲溪边，在一陡壁下修建一两座小型亭阁，便使游人油然而生"亭小显山高"之感。这是由于在陡壁下建小亭，相比之下，使山显得更加崔巍、磅礴的缘故。

如欲使水面有辽阔之感，也可用比例关系加以处理，将会收到较佳效果。如：苏州网师园的"月到风来亭"及其所衔接的长廊，因其稍矮，而显得水面稍宽。这是用比例、对比手法来表现园林的。此外，又如园林分区的比例关系，如处理得好，会使游览区与非游览区主次分明，并以游览区为主，按功能分区，以便在面积划分上有比例关系。这里，存在着艺术性与技术性相结合的问题。全局的良好关系，是由多方面综合而形成的，但总是离不开形式与形体结构合理布局的问题（图 2-110）。

图 2-110　小园中廊窗的比例按黄金比例分割

复习思考题

1. 焦点透视和散点透视有几种方法？焦点透视和散点透视有哪些主要区别？

2. 说明形体投影的基本方法，举例说明其方法在园林风景画中的运用。

3. 试谈散点透视在园林设计中的使用方法，举例说明。

4. 试谈焦点透视在园林绘画和设计中的使用方法。

第3章 园林美学知识

园林美学是专门研究园林美、美感和园林艺术规律及特征的课程，园林美术是围绕园林专业需要，是对视觉艺术理论和绘画方法进行学习和研究的一门课程，它的理论都来自美学和园林美学。园林美学课程的理论是根据哲学中的美学一般原理并将其运用到园林艺术中而形成的。园林美术中所学的绘画是最典型的艺术，又具有典型的艺术美特征，所以学习园林美术就需要懂得一些园林美学知识，否则对园林美学中的一些词汇和知识就很难说清楚，园林美学与园林美术间的内在本质联系也难以讲明白。

3.1 美学基础知识

美学是一门既古老又年轻的学科，在几千年以前，从中国到世界就有很多科学家注意到美和艺术的现象，到1750年德国科学家鲍姆加登才真正以美学进行命名，写出了第一部研究感性方面问题的书，以后很多科学家都沿用了这个术语并撰写了很多著作和文章。这些科学家把人类审美和艺术实践经验提高到哲学的高度加以总结，形成系统的美学理论体系，这样也就形成了一门具有特殊研究对象的科学。从上述的时间进程看美学学科的产生和具体形成不是既古老又年轻吗？

3.1.1 审美对象与审美意识

审美对象与审美意识，都是指人的心理活动。当审美对象以感性形象表现了人的智慧和力量而引起人们心理愉悦，这种心理愉悦就是美。美的标准是社会实践能否反映社会的进步，能否促进、鼓舞人们去为社会、为人类理想而斗争。人的大脑十分发达，它不仅支配人体各器官参与生产实践和各种活动，而且具有极其丰富的想像力、创造力。大脑的想像和创造域称为大脑的活动空间。思维是大脑对客观事物的间接和概括的反映。它是大脑对外界事物的

信息进行分析、综合、抽象、概括复杂加工的过程。思维过程所涉及的内容就称为思想内容。对美的事物进行审视称为审美。对美进行不同形式的审视而使人的心理产生不同的感受称为美感。美感是人内心感受和体验的外化表现，是人在久远的生产实践过程中与大千世界不断接触、斗争而逐渐产生形成的。美感的形成其主导是外部事物作用于心理内部，促成人的心理因素发生变化，只有经过人的认识过程、情感过程等一系列的综合活动过程，才能真正促成心理美感的形成。人的自身活动称为主观，人身以外的物质空间称为客观，头脑主观的活动空间称为主观世界，把外部空间称为客观世界。人的头脑对主观世界的感受和理解称为意识。凡是客观上与人构成审美关系，给人以审美感受的客观事物称为审美对象。而客观存在的诸审美对象在人们头脑中能动的反映，则称为审美意识。审美意识是社会意识的一种，也是通过社会实践和劳动创造产生的。审美意识因人类的语言、思维的发达及审美感受的日益扩大而使其内涵更加丰富，更加广泛。审美意识包括：审美理想、审美趣味和审美感受等。审美意识的形成和发展意味着人类从低级到高级的成熟。审美意识的形成，使人的美感得到深化、扩大，由于美感促进而能不断创造出各种美。

3.1.2 美感的本质与形态

人的美感，本质是对审美的认识。在审美的过程中，景物引起的感触、联想，激发出情感等心理感受，也就产生了美感。美感的形态一般来说有四种，即秀美感、雄伟感、喜剧感和悲剧感，喜剧和悲剧必须通过艺术加工后产生美感。在现实生活中一般不会直接产生美感的。本节重点介绍秀美感和雄伟感。

秀美感具有愉快和谐的外部和内部的心理特征。和谐是指匀称和协调。如在绘画作品中流动的曲线、淡雅清秀统一的色彩、细致深入

的刻画加工，在现实生活中的朝阳、清风、彩云、幽林曲涧、薄雾冥冥、归鸦点点、流水潺潺、夕阳西下、烟润迷雾或杏花春雨江南、山外青山楼外楼等都是外部秀美的写照，小巧、伶俐、娇嫩、轻盈的景物也是秀美感的表现。在美的观念形态中兴高采烈、兴奋异常、甜蜜美好、温馨柔和、含情脉脉、多姿多态都是内部心理的秀美感。秀美感在现实生活、艺术创作或在各种艺术作品中处处都能看得到，体会到。

雄伟感的形态与和谐秀美相反，如在绘画表现中线条挺直粗壮、苍茫古拙；用笔泼辣豪放、刚健有力；色彩对比强烈；作品气势磅礴，有极大的震慑力。在现实生活中汹涌澎湃的海涛、雄伟壮丽的长城、激烈残酷的战争与雄壮辽阔、崇高伟大、千里冰封、胡马秋风塞北、铁骑突出刀枪鸣等都是雄伟外部的感受。在人的观念形态中气氛、激动、怒发冲冠、不达目的誓不罢休等都充分体现了内部心理雄伟的美感。

秀美感和雄伟感的形态是美感中最典型的两种美感形态。它是客观对象和主观方面相结合而产生的，是人们心理状态外部特征的表现。在园林美术中的绘画学习和创作中，在园林艺术的设计中，要结合美的形式和内容，对这两种美感形态的外部、内部特征要很好地把握和运用。

3.1.3 形式美与美的形式

形式美与美的形式是两个完全不同的问题，对其内容我们分别加以介绍。

1) 形式美

形式美可分为单个属性美和组合美。单个属性美如直线、曲线、红色、蓝色等，只是以一种形式因素使人感到愉快；而大量存在的是组合美，如东方欲曙花冥冥，啼莺相唤以可听，乍来乍去时近远，才闻南陌又东城。（韦应物《听莺曲》）。这是描写声音美，但它不是单一的，而是有高有低、时近时远、错落有致构成的一种整体组合美。这种美是由多种形式因素组成的。实际上在现实生活中，只要略加注意，到处都能深切地感受到组合美。

(1) 形式美的因素

色彩、声音、形体即形式美的三因素，存在于客观世界中，原本是物体属性和自然的形式，后来将其转化为具有审美意义的形式美因素。

色彩：由于物体对光的折射、反射和透射，而显示出许多绚丽的色彩。由于审美主体的生理和心理以及人对生产生活的体验等原因，不同的色彩给人以不同的感受和不同的情感意味。由于传统习惯，某种色彩在某种特定的内容中也可形成各种联想和想像，也可使色彩获得一定的象征意义。如红色有温暖和热烈感，黑色有庄重严肃感。同时各国对色彩也有不同的禁忌和喜好。关于色彩在我们绘画艺术和园林艺术中具有非常重要和实际的情感意义。如色彩的对比、协调会使绘画和园林景观变得十分美丽多彩，对这些形式美在实际中的作用必须认真加以研究和运用。

声音：声音是物体因振动而发生的响声。它是无形的，只能作用于人的听觉器官。声音之所以成为形式美的因素，一方面是由于客观响声与思想感情有联系；另一方面是人的情感对象化的结果，使自然音响渗进了情绪的色彩。声音还能激发审美主体的联想和各种想像。

形体：任何存在于空间内的各种物体中，都有可见可触摸的外形，这些外形是由点、线、面、体组合构成的。线是点移动的轨迹。线条分为直线、曲线和折线。它们的审美和美学心理表现特征各不相同，直线表示壮美，是力量、挺拔、生机、刚健的象征，具有稳定感；曲线表示优美，是柔和、圆润、委婉、浪漫、飘逸的象征，具有运动感；折线表示转折、突然、断续、危险，折线形成的角度给人以上升、下降、前进等方向感。各种线有规律的组合，更带有明显的情感意味，如垂直线给人以稳定和均衡感，可表示严肃、庄重；水平线表示安宁、静穆；斜线表示兴奋、迅速、骚乱、不稳定，具有明显的运动感。线的组合即构成为面和体。这些知识在绘画中对心理情感的表现十分重要，要很好地运用，在绘画和园林设计中要注意表现情感因素。

(2) 形式美的组合规律

构成形式美的物质材料，必须按照一定的组合规律组织起来，才会有一定的审美情性。杂乱无章，一般说来不是美的，是丑的。物质材料的组合可分为各部分之间的组合关系，以及总体组合关系两方面。属于各部分之间的组合规律，主要有匀称、比例、对称、均衡、反复。总体组合规律主要有整齐一律、平衡对称、对比调和、多样统一，其中多样统一是基本规律。具有这些规律的形式叫形式美。这些规律不是人主观臆想出来的，而是人们通过实践活动，从现实生活中不断积累、归纳、总结并抽象出来，把它作为生活和艺术创作形式美的原则和标准，即平时所说的法则。形式美中最高的要求是和谐，和谐是美好事物的一个共性，是特别重大的特征，它来源于现实本身的合乎规律性的过程。黑格尔说："和谐，一方面见出本质上的差异的整体，另一方面也消除了这些差异的纯然对立。"因此它们相互依存和内在联系就显现为它们的统一，不协调因素的协调。这些形式美的规律和法则是绘画和各种艺术表现中十分重要的美学法则，是体现自身和换取人们美感的最佳形式。对形式美的掌握运用是创作取得最好效果的根本。

形式美的因素和规律都根植于客观世界，源于物体的自然形和自然界的运动。要使这些因素和规律转化为艺术的形式，就必须与具体的表现对象联系起来，如绘画和园林设计，与人的情感选择联系起来。对形式美要熟练地掌握和灵活地加以运用，作品才能取得好的效果，如按照均衡和多样统一规律所设计的图案形式就是形式美的图案。

2) 美的形式

美的形式首先要具有美的条件，如具有真善的条件，或是具有形式美的各种组合规律条件，在这种前提下所构思出来的形式才是美的。如具有节奏美的运动形式是美的形式；具有色彩、形体、声音形式美因素与组合规律形式是美的形式；用形体结构方法所构思出的各种形都是美的形式。我们在绘画和园林景观设计中，要利用好形式美、美的形式规律和原则进行创作和设计，才能取得完美的效果。

3.1.4 真、善、美的本质和内涵

美分为现实美和艺术美。真、善、美存在于现实美和艺术美之中。现实美包括社会美和自然美；自然美是指自然构成的内容所形成的美，其中包括花草、树木、山石、景观的形式，各种现实的形态和自然存在的各种色彩美，如蓝色的天空，绿色的草原等。社会美是人群组合成的社会所形成的美，如行为美、道德美等。艺术美是指艺术形式、内容和艺术作品的美。

在真、善、美中，真含有真理和真实的意义，不荒谬，不虚伪，真是对客观事物的本质和规律的正确反映，如对生活、生产、科技、艺术等；善是对社会、对人民有直接功利作用和意义的，对社会建设发展十分可贵，对人民的道德、品质、修养的培育和倡导是有益的。

美是建立在真、善基础上形成的，没有真、善就不存在美。一般地说，只有符合真、善的东西才是美的。

艺术是生活本质和形式的提升或抽象。艺术美主要指艺术形式美和美的形式及作品美。艺术的基本问题是艺术与社会生活的关系问题，艺术最终要动之以情，启人心智，这样就必须真实而深刻地去反映生活，即要求真；必须对生活作出一定的评价，合乎人的目的性（不同于日常的功利性），即要求善；运用形象思维和一定的创作方法，按照美的规律对社会生活进行集中的概括，加工提炼，创造与内容尽可能

完美统一的形式，满足人们的审美需要，丰富人们的精神生活，这就是美，也是艺术本身的价值所在。艺术不具备真、善、美就不具有艺术美，也不称为艺术美。在绘画艺术和园林艺术的创作中，一定要注意真、善、美的表现。

3.2 园林美学的主要内容

园林美学是美学的一个分支，是美学在园林艺术中的应用，是将美学的研究成果及其一般原理运用到园林艺术的研究而形成的一门新兴学科。园林美学研究的对象和主要内容概括地说，就是对园林艺术客体和对园林艺术审美主体两个方面的研究，特别是研究园林审美主体，它围绕园林美、园林美感及园林艺术的中心问题，对各种美的形态进行探讨，并对园林工作者的修养提出了要求。

3.2.1 园林美和园林美感

园林美是人们在欣赏园林的各种景观时，产生美的心理状态，是心灵激情的表现。园林美感是在对园林艺术进行游览、欣赏、品评过程中，对园林的景物、景观经过审视在心理形成一种或多种美的感觉和感受。这种美的感觉和感受就叫园林美感。

园林是由植物、山石、水体、建筑和各种物质要素经过各种艺术处理而创造出来的、占有一定空间环境的艺术品。人们在游览和欣赏它时，它不仅同人的视觉发生联系，而且与人的听觉、触觉等各部器官都会发生接触，会产生方方面面的感觉，会得到千奇百怪的感受，以致引发出心灵上的无比激情。

园林的大小空间和生态环境，会使人在生理和心理得到美和美感。当人们步入到花园中时，大面积的花草和大片的树林，一下映入眼中，特别当浓郁的芳香与清新的空气一同进入嗅觉时，立即会使人感到无比的爽朗，情绪和精神产生很大的兴奋。

园林中各种各样的造型和构景形式，在园林中所形成的不同气氛、格调、风尚、趣味，使人能得到整齐一律的秩序美。如园林利用对称造型，建房、栽花种树，可表达一种严肃、完整的情调，利用不对称种植树、花和布置各种大小景点，使环境又能显现出生动活泼、流畅和自由变化的美感。园林中景物的高与低，大与小，直线与曲线等各种形式的交替穿插，又构成了不同的节奏和韵律美。奇形怪状的建筑造型，有的色彩华丽，有的庄重雄伟，有的舒展大方，有的小巧玲珑，有的古香古色，有的神秘莫测，给人以十分特殊而又别致的新奇美感。

色彩和声响在园林景观中最具特色，又会使人产生另一种美的感受，如万紫千红的花色、碧绿如烟的山光水色、四季更替的大自然环境色都会使人兴奋，特别是山林中的风声、雨声、流水声、小鸟鸣叫声和人为的各种声响，更会使人感到园林的温馨和情感的舒畅。当人上高山，入峡谷，观海涛，看飞瀑，乘舟飞驶时，都会产生惊喜和震撼，也会产生惊恐、冲动和无比的激情，产生一种力量感。

以上种种，由于造型、色彩、声响和各种形式及生态环境所引发的美感和感受，是在游览欣赏园林景观时产生的，它不同于一般的美和美感，也不完全是某种抽象或具象的简单显示，而是由于园林环境和园林艺术上的巧妙处理而使人从心理产生、流溢、烘托出来的一种真实或朦胧、并十分宽泛的情韵，是园林物质和景观促成的情感世界的产物。如果当这种情感与联想和想像形成一体时，会使美感得到进一步的深化。

3.2.2 园林艺术与园林艺术人才

现时代人们需要美，更希望在园林游览中以更好的形式和内容来满足人的生理和心理需求，使人得到美和美的感受。这就需要对园林艺术的特点和规律作更深入的研究、探索、开发和全面的整合，建造更具有时代性的新园林。

园林艺术是一门边缘性的学科。它的内容是由植物、动物、生物和各种自然环境及多种艺术种类组合而形成的。对园林艺术的研究需要园艺、生态、花卉、树木、建筑、美术、雕塑、文学、美学、昆虫、动物、土壤、环境等各方面的知识。园林艺术是由这么多学科混合交叉而形成的，所以它具有内容广泛、综合强烈、能对人的心理和情感效果产生极其复杂影响的特点。对它的美学研究要花费较大的力气，用较大的功夫才行。因为它的美学特点和各种特征不是一般的美学特征，它有自己独特的美学特点和形式，有自己特定的美学规律和要求，在园林艺术中它不仅有深刻的历史性和环境性，更主要的是它具有特别广泛的社会性和时代性。

当今，园林艺术已全面存在于人类生存的一切空间，形成与人类生活环境共存的形式。每个园林艺术品一旦投入大量资金开发建设出来，都会长时间成为人们游览、观赏、居住的场所，都会无声地作用于人的心灵。所以对园林艺术的设计管理以及这方面的人才选用，一定要高标准，选用的人才不仅要具有较好的全面专业知识和工作能力，更重要的是必须具有较高的政治思想水平和美的道德情操，全面献身于园林事业的精神，这样园林才会不断地跟上时代，快速地发展。

3.3 园林美学在园林美术中的作用

园林美术是学习造型艺术理论和学习不同种类绘画方法的科学。园林美术学科的开设，也是为学好园林专业其他学科知识作总体铺垫工作的。在园林专业教学课程的设置中，学习园林专业的全过程要学习很多的学科，在各种学科的知识中或多或少都要涉及到一些美学和美术方面的知识。所以开设园林美术课，并要在学习其他各专业学科知识的同时，将美学和美术知识融入到其中来进行学习，这对从事园林工作方面的工程技术人才增加美和美术的知识，提高其质量是十分有好处的。

在园林单位工作的工程技术和管理人员，如果只有较单纯构成物质材料方面专业的知识，而不具有一些美术中的造型、组合、构成、色彩、比例、对比、透视等各方面美术知识，不具有美学的知识，就无法开展和进行工作。在园林单位工作的工程技术人员，在设计、施工、管理中，不管他意识到或没有意识到，园林美术和美学知识每天都被实实在在地运用和使用着，如把一堆石头堆成假山，修一个花池，种一大片树木，都需要造型，都需要与周围环境的大小有恰当的比例，要有协调的环境统一色。这些都是园林建造中美的基本要求，都是园林美术中的基础知识。

如果要改造较大的自然区、风景点，建造一座公园或修建一个绿化小区，那所涉及的美学和美术方面的知识就更多了，而且还需要比较综合完整的一些较深的园林美术知识，并要以这些理论知识作指导，才能做好这些工作。如果没有造型、比例、构成、透视、投影等理论知识指导，就根本无法构思和创意出各种园林艺术形式，初步设计形式就不会形成；不具有一些绘画能力，就是构思想像到各种形式又怎样表现出来呢？各种设计就无法顺利完成。所以园林美术知识在园林艺术中的建造、改造、管理和施工中都是十分重要的，园林工程技术人员必须学习园林美术，懂得园林美术，会运用园林美术方面的知识来解决园林艺术中的各种实际问题。在现时代生活中，可以说，对园林美术知识的掌握和运用，直接关系到给人类生活空间创造出具有什么样艺术水平的环境。

园林美术中的一切理论知识都源于园林美学，所以要学好园林美术就要学一些园林美学。园林艺术中的设置和存在是为满足人的生活、生存需要。人的美和美感及美的艺术内容又是园林美学中主要研究的内容，人的内心世界活动和对园林艺术美的建造和美的景点要求，又是园林美学中的重点内容。所以要学好园林美术，想对园林美术知识得到深入的理解，求其根源，使园林艺术能取得更好艺术效果，处处感人、动人，使人心和情感激动起来，必须认真学习园林美学，研究园林美学。可以说，想学好园林美术，创造出好的园林艺术品，学习好园林美学是根本保证。只有学好园林美学，才能搞懂人的心理，只有从人的心理需求去把握设计各种园林艺术形式，才能满足人的要求。

总之，只有学好园林美学，才会对园林美术中的知识理解得更深刻，更全面。

复习思考题

1. 美学一章介绍几个方面的问题？
2. 为什么说美学是一门即古老又年轻的学科？
3. 什么叫审美对象和审美意识？
4. 什么叫真、善、美？
5. 形式美与美的形式之间有什么区别？
6. 美学和园林美学与园林美术有什么关系？

第4章 素 描

4.1 素描的概念

素描,一般是指用铅笔、木炭、炭笔、钢笔、毛笔等单纯的工具和单一的色彩,在纸上所作的绘画。它通常是指单色的绘画。它是一切造型艺术的基础。

19世纪,俄罗斯杰出的美术教育家契斯恰科夫曾指出:"素描是一切造型艺术的基础,是根基,谁要是不懂或不承认这一点,谁就没有立足之地。"

19世纪的法国大画家安格尔也曾指出:"素描包蕴一切,除了色彩"。"素描并不是单纯地再现轮廓,也不仅包含线条,它还表现由内在的形式到平面,到体形。有了这些,看一看,还剩下什么呢?四分之三的绘画内容都给素描包括了。假如要我在门上挂一块招牌,我就给写上'素描学校',而且我确信,会在这所学校里培养出许多画家"。

契斯恰科夫与安格尔的话,极其深刻地道出了素描的重要意义。学习任何一种造型艺术,无论是绘画、雕塑、建筑,还是园林美术,都要学习素描。素描,是通过形体结构、比例、位置、运动、线条、明暗调子等造型因素体现的。由于它使用的工具材料简单,色彩单一,便于初学者通过严格的素描训练,掌握造型艺术基本规律,研究和把握造型艺术诸因素,训练和培养正确的观察方法、思维方法和表现方法,提高审美情操,打下牢固的造型基础。

素描基础训练的主要目的,是为了不断提高造型能力,准确而又概括、生动地表现对象。要达到此目的,必须掌握科学的观察方法、深刻的表现方法,以及坚实的造型能力,必须正确认识和处理学习过程中一些关键性问题。

4.1.1 要有正确的观察、认识和思维的方法

素描教学,是一个完整的训练体系。它要求眼、脑、手同时得到锻炼、认识和技能同时提高。为了培养学生分析问题和解决问题的能力,不管是在作造型的分析和综合时,还是在作深入研究和艺术的概括时,整个作画的过程,都要在"整体的关系"中去观察、认识和表现对象。这是掌握形体塑造技巧的前提。同时,又是提高审美认识与表现力的基础。

4.1.2 要掌握多种表现方法

一般认为,素描就是长期的全调子素描,这种理解是不够全面的。应该说,这只是素描的一种形式和方法,也是比较常用的方法。但并非是惟一的表现方法。素描在平面上塑造形象、表现空间的基本要素,是点、线、面。通过对点、线、面的单个运用和综合运用,均会产生不同的表现效果。线条对形体的概括和情感的表现,块面对立体空间的真实感的表现,各有所长。

4.1.3 要运用多种训练手段

提高造型能力的途径是多方面的。长期的素描写生训练,对培养写实能力、深入准确的描绘能力,是有效的,应作为造型能力训练的重要手段,予以重视。但单靠这方面的能力是不够的,也是不全面的。速写,可培养敏锐的观察和艺术的概括能力;默写,可培养对形象的理解和记忆能力;摹写,可以借鉴优秀的技法;构图练习,训练按排好画面;这些对创作能力的提高和技能的全面锻炼,都是十分有益的。在素描学习过程中,要坚持"由浅入深"、"循序渐进"的原则,把长期作业和短期作业结合起来,课堂练习和课外练习结合起来,写生和速写、默写、摹写、构图练习结合起来。这样穿插进行,合理安排,通过多种途径和手段,就能使造型能力得到全面的锻炼和提高。

4.1.4 要把理论与实践结合起来

素描基础训练的技术性很强。它需要艰苦的劳动,刻苦的磨炼,通过大量的实践去掌握

它。但如没有必要的理论知识作指导,收效未必显著。在素描教学的实践过程中,除了必须有正确的科学的观察、认识和思维方法外,还要有形体结构、透视、明暗调子、线条运用和构图处理等方面的知识。这样在理论指导下进行实践,在实践中提高认识,素描的技能才能得到不断地提高。

4.2 素描的分类

素描按画法来分类;可分为两种,一种是结构素描,另一种是明暗素描。结构素描是通过单线来绘制景物,其主要是为表现结构状况、空间感和透视感,用其来研究景物的造型和各种形态。在绘画创作的构思过程中,对初稿局部的结构和造型研究,在各种工艺品制作前对其物体造型的研究和设计,多用此种素描方法,如家具立体造型设计、机床形体造型和结构设计、机械传动造型设计、雕塑造型设计、园林风景区中的各种建筑小品的造型设计等。明暗素描是在结构素描的基础上,经过反复认真地对组线和复合线进行组织、运用,借用黑、白、灰各种调子把景物的立体感、质感、空间感表现出来,在视觉上具有真实性。在设计中为真实地表现景物或环境,多采用这一种画法,但主要是为培养美术方面人才。在院校学习中,采用这种绘画种类,训练学生的眼、手、脑之间的配合关系,培养观察、分析、判断能力以及对作品的真实形状、质感和空间感的表现力。

素描按绘画的内容来分,可分为几何体素描、静物素描、人物素描、动植物素描、风景素描、建筑素描。这些素描都是在不同专业、不同部门根据各自需要而专门加以绘制的,一般美术工作者或美术初学者没有必要都去学习或都去研究它。但对结构素描和明暗素描的一般绘制方法和应掌握的技巧是必须要全面掌握的(图4-1~图4-3)。

图4-1 结构素描

图4-2 明暗素描(赵岩峰)

图4-3 结构素描(赵岩峰)

4.3 明暗

明暗,是素描造型的基本手段之一。明暗现象的产生,是光线作用于物体的结果。在素描教学中,除了运用线条,就是各种明暗调子表现对象和景物。

明暗素描,适宜于立体地表现光线照射下物体的形体结构、物体不同的质感和色度、物体的空间距离感等等,使画面形象更加具体,有较强的直觉效果,也能较有效地表达思想感情。因此,在开始学习素描时,对明暗调子和明暗的处理手法的研究,是十分必要的(图4-4)。

图4-4 明暗素描(赵岩峰)

4.3.1 明暗在绘画中的意义

1) 塑造物体的立体效果

物体受光之后,会呈现出由明到暗的明暗调子的序列。这种明暗调子的变化,可以比较正确地呈现出物体的结构特征。基于明暗调子"显形性"的这一规律,我们就可以利用其特点,正确地表达出物体的立体特征。

2) 表达对象的固有色与质感特征

由于每个物体都存在不同的固有色,彼此固有色的明度不尽相同。如果用素描来表现的话，明亮颜色的物体就用轻淡的调子来描绘，暗颜色的物体就应该用重调子表现，中等明度颜色的物体我们就可以用灰调子来表现。从而，我们运用明暗分析的办法，就能较正确地反映出对象的固有色特点。

不同的物体，由于其本身材质的差别，其吸收光与反射光的性质不尽相同。表面粗糙的物体受光后，表层会形成有规律的明暗关系的变化。表面光滑物体受光后，表层则产生不规则的明暗变化。受光部，会产生高光现象。背光部，则易受环境光的影响。不过，只要经过认真地分析和概括，利用其特点，会有助于同学们表达出质感特征的。

3) 表现景物的空间层次

前面讲过，表达景物的空间深度常用的办法是，远处减弱其明暗对比，近处则加强其明暗对比。通过这种强弱、虚实对比，达到表现空间深度的目的。

其次，表达空间层次的另一个途径，就是利用明暗相互衬托、对比、协调的规律，来丰富画面空间层次（图4-5），如灰衬黑、黑衬白、灰衬白、白衬黑、白衬灰、灰衬黑等。巧妙地运用黑、白、灰三者关系的衬托、对比、协调等规律，将会体现出画面丰富的空间效果。

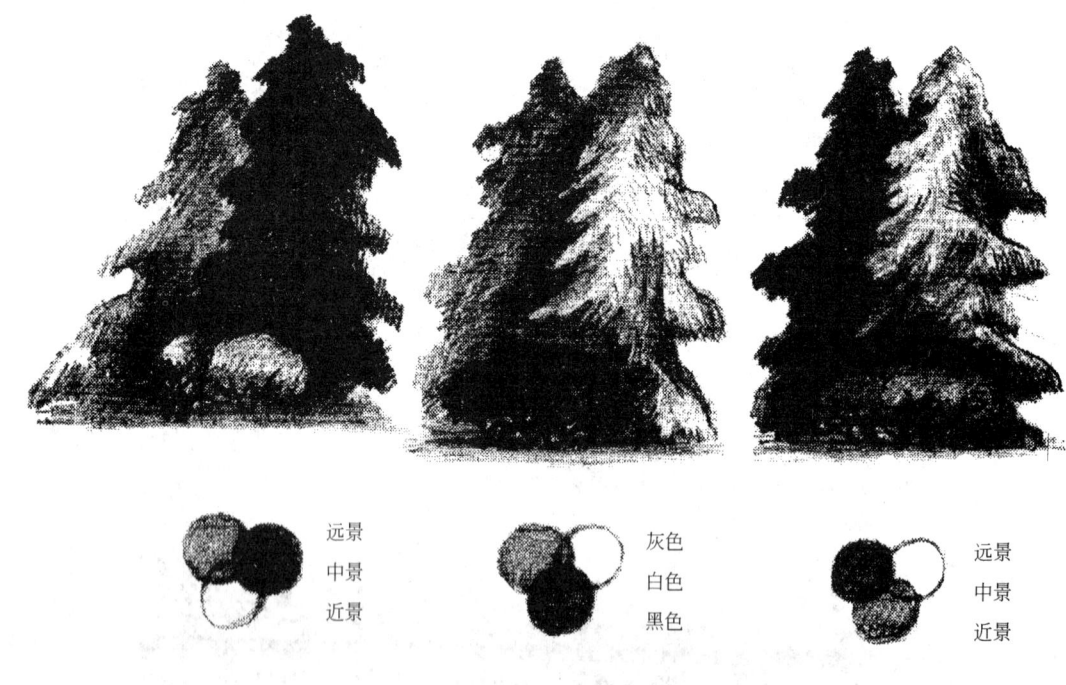

图 4-5　明暗调子的配置规律

4) 引导观众视线

画面要做到主次分明。这是任何画种，都应遵循的基本原则。若想做到这一点，主要还是采取明暗的对比规律来获得这种效果。例如，为了强化主要部分，使之鲜明、突出，常常是加强其明暗对比关系，使其形象明确、清晰。而次要部分处理，主要是减弱其明暗对比关系，用概括、简化的手法，达到其含蓄、模糊的效果。这样做，可以使观众视线随着画面对比关系的强弱变化，依次欣赏画面的主要部分与次要部分及其他陪衬的部分，可以向观众传达作画人较为深刻的感受，可以较好地引起观众的共鸣。

4.3.2 明暗调子的基本规律

1) 明暗调子的形成和变化

明暗的产生,是物体受光照射的结果。具体地研究明暗调子的变化规律,可以从下面四个方面分析和观察:

(1) 光源本身强弱和距离"面"的远近;
(2) 光线射到"面"上的角度;
(3) 物体与画者的距离;
(4) 物体固有颜色的差异。

同一个物体,虽然由于不同角度的光线照射会出现不同的明暗变化。但是,光线不会改变对象的结构。因为,对象的结构是固定的,而光线是可变的。

一个立方体,无论从哪个角度来观察,最多只能看到三个面。其中,一个面迎着光,受光充足,因而最亮,称之为亮面。另一个侧着光,受光条件差,亮度次之,称之为次亮面。第三个面背着光,很暗,称之为暗面。这就是素描中所谓的三大面,即黑、白、灰三种明度调子。

圆柱体在光线照射下,由于各部分受光不同,呈现出的明暗变化是:由次亮到最亮(亦称"高光");又由最亮到次亮;再由受光部转到背光部的明暗交界线;然后便是暗部;最后由于反光的作用又使暗面变得稍亮。此外是物体的投影。这种亮面、次亮面、明暗交界线、反光、投影,便是素描中所讲的五个调子。其中,亮面和次亮面属于物体的受光部。明暗交界线和反光、投影属于背光部。它们构成物体的明暗两大系统。无论物体形状起伏有多么复杂,也不会改变"明暗五调子"的排列次序。

在素描写生时,只要正确地掌握和运用明暗调子的变化规律,就可以表现出物体的立体感。

用明暗调子表现空间关系,也有一定的规律性。空间关系,在素描写生中也称空间感。物体在不同的空间距离内,会形成不同的明暗变化。物体距离我们越近,明暗对比越强;离开物体越远,对比则越弱。同样原理,光源越弱或离物体越远,对比则越弱。

2) 明暗调子的观察方法和表现方法

观察对象的明暗关系,首先应从受光与背光两大部分的基本关系出发,明确其对比强度,然后再分析和表现中间色、亮部和反光等。这叫"从大体着眼,从大体入手"。

比较的方法,是观察分析明暗变化最主要的方法。比较,意味着要善于从整体出发,在深入表现细部时,始终能抓住对象最基本的明暗关系。如果我们将眼睛眯起来看对象,就会比较容易地掌握对象的大体明暗关系的变化。

在深入观察对象细微明暗变化时,切忌死板地盯着一个地方看,而应时常提醒自己要注意跳出局部关系,从整体明暗的大关系上来检验局部明暗关系是否正确。这样,各局部之间的明暗关系,就会形成一个有机联系的整体。

在涂明暗调子的过程中,始终要牢固地树立形体结构观念,认真分析对象的结构体面与光线照射角度的变化,找出明暗排列的规律性,就可以具体表现对象的主体结构。

4.3.3 明暗造型的基本方法与步骤

为了便于同其他造型方法相区别,下面统称"明暗造型"。

明暗造型的观察方法与表现方法是:

(1) 理解地看,理解地画

一般来说,初学者在观察对象时,很容易被对象的一些表面细节和偶然的现象所迷惑。凭借这种粗浅印象来作画,往往导致作画无法深入下去,有时,甚至会产生一些错觉,而造成画面的各种错误。因此,有必要将这种粗浅的观察方法加以修正和不断深化,即表面观察要与理性分析结合起来,对象的物理特征要与画理相结合。这样,才能更深刻地认识和把握对象。

素描基础训练,不能满足于形的正确,还

必须重视对象性格神态的刻划。无论是画静物，还是画风景，都应如此。

除了深入理解对象的内在特征和感情因素外，同时还要全面地掌握素描造型的基本知识，诸如，物体由面构成的法则、明暗调子的法则，以及有关表现质量感、空间感的认识。只要大家在写生观察与表现时，注意从上述几方面出发，就基本能做到理解地看，理解地画。

(2) 看得整体，画得整体

在作画时始终保持整体地观察对象，这是基础课训练中的一个非常突出的问题。因为，在素描中没有任何孤立的东西。但由于我们画的时候，总是一部分一部分地进行，这个时候就要使眼睛的观察范围扩大开来，把对象看作一个不可分割的整体。对于初学者，这就成了一件困难的事。所以，培养整体观察的能力，做到写生时能一眼看到全局，就要经常进行长期严格的训练。

人的眼睛由于瞳孔能放大缩小，对不同光线下的景物都能看得清，有较强的适应能力。但作画的时候，如果我们看到哪里画到哪里，画了这部分忘了其他部分，这样不仅会使画面到处一样清楚而失掉主次关系，而且必然会顾此失彼，因小失大，造成整体比例上的错误。所以，实际写生时，虽然不可能各局部同时画，但看对象时应始终胸有全局。对象各部分的关系，应以一次观察所见为准，而不能以不同时间数次观察所见为标准。总之，由于我们描绘的对象是一个具有内在和相互联系的不可分割的整体，不论是结构关系、比例关系、运动关系、体面关系、面与线的关系，都是相对存在互相制约的。所以，在作画时，始终要全力以赴地寻找对象中这些相互关系，正确地表现这种关系。如果作画时，孤立、片面地去对待，最后必然失去画面的整体和统一。

由此可见，整体地看，整体地画，它不仅是观察和表现的方法问题，也是一个思想方法问题。

一幅作品的整体效果，是由它的一切局部构成的。没有细节的整体，必然会影响形象的具体的真实性。要把所有局部统一在整体里面，主要靠视觉反复的比较。所谓整体地看，就是眼睛始终不停地在画幅上来回巡视，反复比较和检查。常用的观察与表现作画程序为：整体—局部—整体。

为了获得完美的整体效果，在全面推进的同时，还必须注意突出重点，分清主次、前后与虚实。所谓重点，指对象中最能显示造型特征和精神状态的那些部分。为了使其突出、鲜明，就要适当减弱，甚至放弃某些次要的东西。这也是体现画面整体气势的关键。

(3) 看得立体，画得立体

立体性，是任何物体的基本特征之一。在一张平面的纸上画出对象的立体感和空间感，这也是素描基础训练中的一个基本要求。

客观世界的一切物体，都有它的高度、宽度和深度（统称三度空间）。初学者由于缺乏关于物体的体积由面构成的原理，尽管有着正常的视觉，但往往不能在画出对象高度和宽度的同时，正确地画出它的深度，把立体感表现出来。因此，对初学者来讲，首要的课题就是培养自己立体地观察对象的本领，并能立体地再现对象。

开始的时候，可以通过石膏几何模型写生，来观察和表现几何形体的立体感，并充分理解和掌握物体是由"面"构成的原理，这将会对以后表现复杂的形体具有普遍的意义。然后在此基础上，再进一步研究其他组合形体的结构关系。例如，面对着一座宫殿进行写生，首先我们应注意分析整个宫殿的形体组合关系和各局部形体特征，即整个宫殿的形体组合由上下两部分构成。宫殿的屋顶，可以看成圆锥体；下面四周的宫墙，可看作棱柱体（图4-6）。

经过这样的分析和研究，有助于理解对象的立体结构关系，为立体地表达对象提供了指导思想和便利条件。

图 4-6 宫殿的形体组合关系

(4) 提炼概括，艺术地表现

在素描基础训练过程中，必须培养学生具有较高层次的审美能力和艺术概括的能力，深入地研究自然规律与艺术表现之间的内在联系，既注重对象的自然规律，又不囿于自然规律的束缚。因为"画理"究竟不等于"物理"。艺术表现的真实，也不同于科学的真实。艺术必须通过感情的作用，来反映客观世界。它的功能在于触动人的感觉神经，引起激情，沟通彼此感情来达到教育的目的。所以，艺术地表现对象，最主要的还是取决于作画者的感受和态度。感受得越深，在感情上就越鲜明地感受到对象精神的美和形象的美，就能进行有效的概括。反之，作画时不注意感受，势必会造成被动抄袭对象，平均描绘各细节的局面，使对象流于繁琐和累赘。自然形态的东西在作者头脑中加工，变为鲜明生动的艺术形象，总要经过提炼和概括，选择和集中。在作画时，既要有深入的分析，又要有大胆的综合；既有取，又有舍；既有虚，又有实。为了突出本质的东西，有时不放过对象某些细节的微妙变化，甚至运用某些艺术夸张的手法来加强某些特征，摒弃那些可有可无的东西。这一条，对园林美术尤为重要。

4.4 素描的特征及应用

画素描，正像建筑、绘画、雕刻和其他的视觉艺术一样，是以线条、形(平面)、体积、明暗关系、质感和色彩来作画的，通常称为造型艺术的六要素。视觉艺术在造型的本质上是同一的，就培养造型能力而言，素描是最直接、最便利、最理想的形式。通过素描，认识自然，学习绘画的思维方式，研究绘画语言，形成对造型要素的初步认识，培养绘画的基本能力和基本素质。

随着现代社会发展的需要，素描的内涵与形式日益多样，用途广泛。除了为艺术部门所需之外，在其他学科领域以及各个部门都经常需要素描作为辅助性工作。通常也把学习素描作为培养训练视觉思维、发展技能的途径。

就其整个园林艺术造型活动领域而言，通过学习素描，熟练掌握绘画技能，能够进一步地培养和发展敏锐的感受能力，富于理智的认识能力，应用和开发视觉思维的想像能力。

在学习素描实践的过程中，素描材料与技法关系密切，应该发展对素描材料和技法的正确知识。素描材料用得是否得当，直接关系到表现方法的成败；熟悉掌握素描媒介的具体使用，在绘画表现过程中就会得心应手。初学开始阶段凡是必备的材料，一样也不能短少，并且应该井井有条和从方便出发去安排好。具体作画过程中，应有意识地注意研究作画的技法程序，材料与技法恰当合理的运用，能够准确、有力而自如地表达对物象的感觉。通过不断地学习，反复实践，发现问题，精通材料与技法的知识，就能更好地掌握绘画语言及其形式规律。

4.4.1 素描用具及作画前的材料准备

素描用具繁多，不同的用具有不同的使用方法。初学素描，常常采用铅笔，由于铅笔在作画进行当中修改方便，初学者容易掌握，通常把铅笔作为素描入门的主要用具。铅笔从软到硬种类很多，常见的绘图铅笔，硬铅从6H型依次排列至2H型，软铅从6B型到B型，不软不硬铅HB、F、H型。虽不必一一备齐，但必备4H、2H、H、B、2B、4B等型号。选用哪一种类型？要根据作画课题、阶段内容要求、练习时间长短和不同画纸质地性能(不粗糙也不光滑的素描纸适用初学者)来选用铅笔。画前应考虑使用的铅笔与画纸质地相适应。

画线条或涂明暗，不能光靠各种不同硬度的铅笔，而需着重于手的训练，用力度不同的腕力和用笔的变化，画出浓淡强弱不同的线条和明暗去表现对象。

开始学习素描写生，还必须注意铅笔的执法。如果画面较小或刻画细部，一般与写字执笔法相同。画较大的画幅时，执笔的方法也需相应改变，由拇指、食指、中指捏住笔的后端。这样执笔，可以自由地伸开手臂作画，使眼睛与画面保持一定的距离，便于检查画幅整体效果。用铅笔画衬影时，有时可以一面涂一面转动笔杆。这样，即容易涂得浓，又可以保持笔尖的尖利，随时可以竖起作精细的刻画。

橡皮，是修改画面的工具。初学者常常一发现错误，就急于用橡皮去擦掉，这个习惯是不好的。如果自己发现哪些地方画得不对，可以把错的地方做为检查修改的依据，待画好后，再将错处轻轻擦去。橡皮的用法——将方块橡皮对角线切开，分成两瓣使用，用橡皮角修改细小的部位，用其他部位，擦改较大的画面。

4.4.2 一般写生前的准备工作

1) 选择写生角度

同一个写生对象，可以从几个角度来表现。角度不同，在造型上的难易程度就不一样。一般选择角度，以最能体现对象造型特征和神态特点为依据。在园林美术中，还为了发现新的园林点。所以，在选择角度时，要认真观察和分析对象，才能把握最佳角度。另一方面，为了从造型能力上得到全面锻炼，要避免在写生时总是采取一种角度作画，以防时间久了，碰到其他角度的对象而感到不适应。

2) 距离要适当

初学者在开始作画时，喜欢尽量靠近对象，希望能看得清楚一些。其实，靠得太近，往往不易掌握对象的整体特征，以至于妨碍对象整体关系的表现。一般来讲，选择视域60°的视角范围内。亦即离开对象高度(如宽长于高则取宽度)2倍以上的距离去观察。此视距所看到的整个对象是清晰正常的，因而也正是作画的理想位置。

作画者的眼睛，也不能距离画面太近。画纸的中心，要与视点的高低相同。画面必须与画者的中视线垂直。这样做的目的也是为了照顾画幅的整体，使整幅画始终在正常的视角范围内。

3) 要把握最佳时机

与画石膏等静物及其他室内课题相比，园林形象在具体的地理空间、时间季节所呈现出来的美,给人们的形象感受有很大的不同。把握时机十分重要。我们要掌握多种多样的表现形式和表现技能,通过素描,认识自然,发现平常人难以发现的园林美。

能否把握最佳时机,看起来纯粹是作画的事,其实"功夫在画外"。经验告诉我们,只有平时留心观察生活,丰富积累素材,结合赏析名作,参观博物馆、画展以及相关领域的展示活动,加强各方面文化科学知识的修养,尤其要注意姊妹艺术学习,不断拓展、提高审美能力,才能在一瞬间看出特殊的园林美,并不失时机,得心应手地再现于画面之上。

4.4.3 素描的作画步骤

1) 构图落幅

在动手作画之前,面对着写生对象,总要有所想法和打算。你要重点表现什么?其他部分怎样处理?是选择横幅画面,还是选择竖幅画面?如果事先没有明确的打算和安排,不加思索,毫无计划地匆忙动笔,或者仅把对象当作一般的标本冷漠地去对待,肯定会影响后面的工作。因此,作画前的观察、思考、分析,是十分必要的。

在确定画幅构图之后,要对写生的对象进行全面、细致地观察,分析它的形体结构、比例关系、质感特点及光影明暗等方面的问题,做到胸中有数,在头脑中形成一个总的印象和感受。

现举写生石膏几何体为例:

起稿时,先淡淡地定出对象在画幅上的大体位置,即上、下、左、右四个点。为了能正确地把所有形体画在纸的中心,需要标出垂直的和水平的中轴线。因为,垂直线和水平线的方向是固定不变的。根据它,我们很容易找到所有其他与垂直线和水平线成各种不同角度的方向。同时,也能确定各种形体的长与宽的比例。这样,我们就可以用长直线切出一组几何体的大块形状(图4-7)。

图4-7 几何形体步骤一

2) 抓基本形体

在画出轮廓的大形基础上,这一阶段主要应将形体的大体结构关系比较准确地描绘下来。为深入刻画对象奠定基础,在这里必须坚持整体观察的作画原则。从形体大的立体关系着手,逐渐画到细的形体变化。切忌在没有确定整个画面的边界以及局部与整体的关系之前,过早地画个体细节。这是必须注意的问题。在具体表现各部分形体时，要采取比较的方法来进行，保证各部分比例关系的正确性。当整个形体结构建立起来之后，便可转入用明暗来描画了(图4-8)。涂明暗调子，一般从明暗交界线入手，分出受光与背光部。具体塑造，是由暗部开始，先画最深部分的形体和暗的部分调子。其次，画次深部分。再过渡到受光部的中间调子。这样由深到浅地涂，几何体的整组画的立体感就初步具备了。

图 4-8　几何形体步骤二

3) 深入刻划

在深入刻划整体画面形象特征时，还要从离我们较近的明暗交界处画起。这样做的好处是，可以突出重点。同时，根据体积结构的转折，有顺序地向明部和暗部较复杂的色调过渡。深入刻划，要求对造型结构作较深入的分析，对色调作较细致的比较。通过这些手段，实际上是要求对对象的形象和形体个性特征、风姿的关键细节作深入的观察分析，并将它们更具体地、更深刻地表现出来。

在深入刻划的过程中，特别要注意突出重点，防止平均对待。同时，还应注意表现对象的质感特征。石膏几何体的特点是，坚硬、质细、洁白。为了表现它的硬度，可以把体面关系处理得明确些，使之形象特征更加鲜明(图4-9)。

4) 调整统一

虽然我们在前面两个阶段中一直强调整体观念，而且实际作画的过程一直需要进行调整和修改，但是在一幅素描结束之前，还得从整体效果出发，进行一次全面的检查和调整。

调整的原则，仍然是局部服从整体。调整某些局部，也是为了画面的整体效果。调整的方法，是运用线条和明暗手段，进行加强减弱、概括、综合，突出重点。某些细节，只要在整体感觉上有了，就行了。所以，调整并不是意味着最后把画面平均地"打扫"或修饰一番。调整的目的，是为了使对象的个性特征，更加鲜明突出，画面更加和谐统一。绘画，是通过可视的艺术来"说话"的，所以，在调整阶段更应依靠感觉。但是，这种感觉，是经过理解而提高了的视觉感觉。

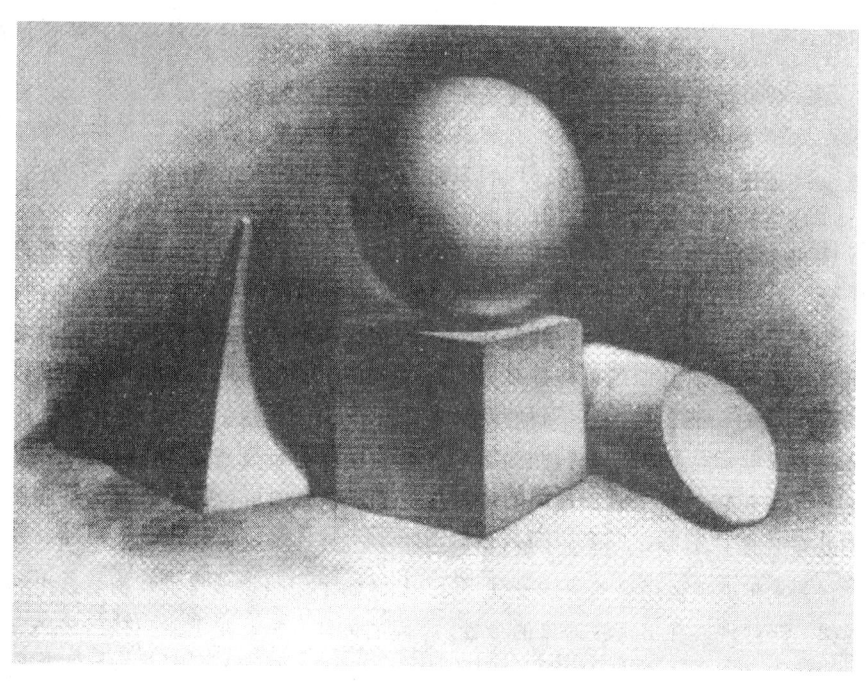

图 4-9　几何形体步骤三

4.4.4　线的原理及表现方法

研究线的现象和原理，先要从物体的体积结构谈起。我们知道，各种物体的体积，是由许多不同方向的面组合成的。一个简单的立方体，由六个面组成；即使一个圆球，也是由无数的面组合而成的。当我们观察物体时，从眼睛可以引出千万条直的视线。在这些视线中，有的被物体表面阻挡，看到的就是面；有的视线顺着物体的表面擦过，那么这个与视线相接触的面，在视觉上就缩扁成为线。因此，任何一个组成物体体积的面，当它们转动或作画者视点移动的时候，都可以因透视变化而缩扁成为线。在一个物体上，面和线的关系，也是对立统一的辩证关系，它们都从属于体积，是整个体积的一部分。在不同的透视角度下互相转化着。在某个角度看去是面，而在另一个角度却成了线。这种线一般都出现在物体的边缘。其次，在两个面的转折处和交接处，也会出现线。

理解了线的基本原理，就可以认识到线描作画的观察方法。这个方法，并不完全依赖于光线照射物体所呈现的明暗变化，而是着重研究对象本身固有的体积结构和透视变化。如果线条正确地表现了物体的透视，它也就同时表现了对象的立体感。反之，不掌握对象体积的透视变化，就不能画出准确的线条来。在写生时，如果光看到对象的外轮廓线，而不注意观察体积变化的特征，或只注意线条本身的表面效果，就会使你变得非常拘谨和胆怯。应该始终记住：线条不是结构以外的东西，而是物体内在结构的表面。因此，在你的画面上，所描绘的线条都应肯定、鲜明地表现出物体的结构特征。

用线条来表现对象，是素描基础训练中一个重要的课题。它一方面要求学生严格深入地研究对象，一方面又要求"以少胜多"，用简练和概括的方式表现出对象的结构特点，在更高的审美层次上再刻画对象内在的美和表现作画人对生活的感受和激情。园林美术中线描画占相当大的比重。其原因可能是多方面的，但不能不承认园林美本身的特殊性和线描本身的抒情写意的功能，是十分重要的两个方面。

线条的画法，除了根据对象特性和结构关系，还要考虑到不同的质感和量感。例如：从人体的各部分来说，皮下骨骼显露的地方比较坚实，肌肉富有弹性，头发轻而松软，眼睛又具有水晶体的透明感。而衣服和其他器物的不同质量感，又有光滑、粗糙、轻重、厚薄等区别。因此，用线条来表现，也是多种多样的。如，中锋与侧锋，藏锋与露锋。运笔时的快与慢，轻与重，转折与顿挫。线条的巧与掘，刚与柔；光与毛，虚与实，清晰与浑化，严谨与草率等。虽说表现的工具不同，但基本的道理是相通的。它要求辩证地运用这些手法，利用各种对比规律，巧妙地表现出写生对象的个性特征。

4.5 静物写生

4.5.1 石膏几何形体写生

1) 目的与意义

素描初学阶段的训练过程，一般都是根据"从易到难、由简入繁、循序渐进"的原则进行，素描学习和写生应从研究石膏几何形体入手。石膏几何形体色质单纯，静止不动，便于长期观察和反复体会。通过写生练习，分析、理解几何构造特征的形体，使手(技能)和眼(观察)都专注于形体结构的透视、比例和空间秩序的准确表达，使初学者一开始就树立起几何形是一切复杂形体结构分析和综合的基础。在认识、理解的基础上，掌握物体明暗调子构成的基本原理，运用明暗调子的层次变化和明暗对比关系的作用，力求表现出物体的立体感、空间感和质感。

这一阶段的学习要点：树立培养正确的观察方法和表现方法。摆脱纷杂琐碎的细节，习惯于从分析、理解到整体归纳的观察方式。绘画表现上建立起从整体出发，局部服从整体的观念，避免表现上的盲目性和陷入局部的表面性。在具体反复实践的过程中，逐步地学会运用绘画思维方式，形成良好的造型意识。

2) 画法及步骤

步骤1：选择角度、构图定位

认真观察各几何形体共同组成的整体形状，把空间位置上的各几何形体联系起来看，用垂直、水平和倾斜度以及相应辅助视线和形态进行视觉上的比较、归纳，组成群体形状。构图布局一定要视觉舒服，几何形体的群体形状最高点、最低点和左右边缘与画纸周边要保持一定的间隔，同时要考虑到明暗区域的构成以及将来画上明暗调子是否均衡。选出利用画纸空间的最佳方案。接下来用轻而淡的直线在画面上确定总体的群体形状，按照先大后小、先长后短、先总体后局部的原则进行。在确定群体形状的范围内，找出各部位具体形状的比例关系和透视关系(图4-10)。

注意：用线起稿时，不要盲目急于展开色调，要经过反复比较和调整，使形体安排具体而得当，特别注意正确的透视关系形成立体感觉的作用。

步骤2：展开和确定大的明暗关系

按照"明暗五调子"去观察、认识和理解几何形体的明暗变化规律，充分运用"黑、白、灰"色调的层次变化去展现画面明暗构成的关系。从总体色调对比关系入手，根据各几何体的空间位置及近、中、远的层次关系，整体比较、归纳各几何体明与暗的色调对比，把各几何形体包括背景、桌面的暗部区域、灰部区域和亮部区域，依次进行相互比较，找到明与暗色度的总体差别和层次变化。用软铅笔从暗部区域画起，先找出画面中大的黑白对比关系，同时注意暗部黑色调的差别，初步建立起暗部色调的层次关系。黑色调不要一次给足，要留有以后深入的余地。然后过渡到灰色调区域的表现，随时注意在整体对比过程中进行，避免

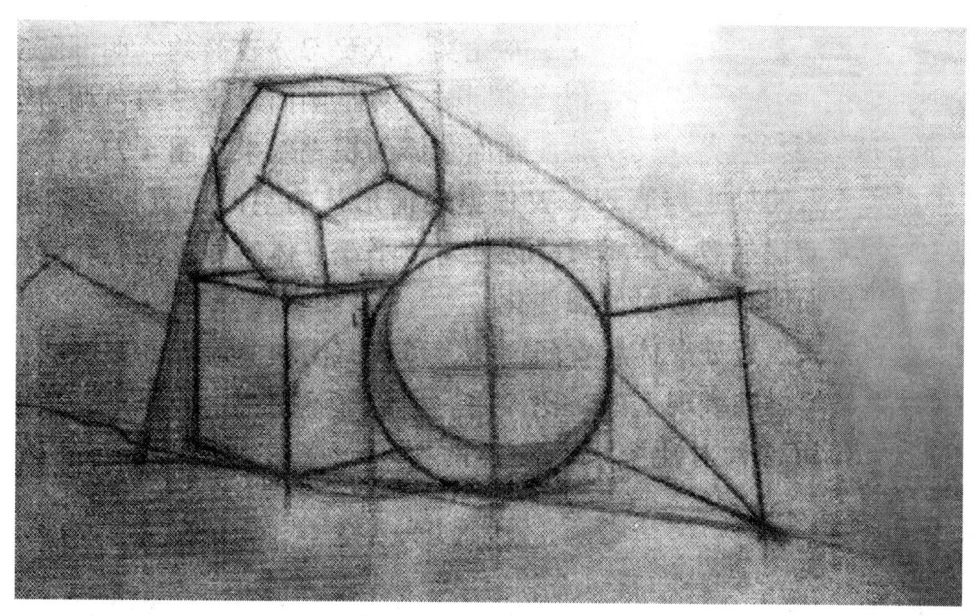

图 4-10 几何形体作画示范

过早陷入局部刻画，做到画面基本上呈现出物象的立体感觉。几何体的轮廓线一定要被作为明暗调子去处理，让轮廓线来反映相邻的明暗关系，也就是运用明暗关系进一步修正具体的形体关系。

要点：① 注意明暗交界区域的色调层次。从明暗部转折处向暗部画起，同时注意明暗交界处上、下、左、右不同色调转折的急缓差别，并向暗部逐渐减弱，轻轻地画出层次来，然后找出从交界处向灰调过渡的层次变化。明暗交界处是形体大面转折的部位，是体积向纵深发展的关键地方，抓住了它，就掌握了表现体积感的钥匙。

② 讲究技法表现的程序。先用软铅笔逐步替用较硬的铅笔，用铅笔侧锋涂大色调，逐步地转入用铅笔中锋进行深入地局部刻画。这样避免铅笔在画纸面打滑或过早地损伤纸面。通常画面色调层次的变化，应运用匀称长短相结合的排线来体现。线条排列表现应先疏后密，并按照作画的程序逐步地密集起来。

步骤 3：反复调整，深入刻画，把握整体效果，充分加深理解和体会对各几何形体在空间的近、中、远的明暗色调层次和形体之间的体积、明暗、强弱对比的感受。从对比突出部位入手，做到逐步落实到具体形体的实处，在控制把握整体对比基础上深入局部刻画。这一步时间可放得长一些，工作要细致耐心。深入刻画的重点放在丰富形体的色调层次，塑造形体的体积效果上。从几何体的转折处深入画，反复画，尤其是几何体主要突出部位向明部转的中间层灰调子区域，要画得充实，次要部分较简约。明部画实，暗部有形而弱，前部够画精，后面要概括。刻画的同时，可把画面最重的黑色调适当加足，看看大的"黑、白、灰"是否响亮，反复验证画面总体的视觉效果（图 4-11）。

要点：① 虚实关系的处理与表现。要依据几何形体的空间位置，强调近实远虚的关系。即近处区域明暗对比强烈，体感强；远处对比平缓，体感弱。同时注意各部位的几何形体与周围背景、桌面明暗度的对比和变化。

② 注重表现的方式。近处形体和空间面积可有笔法和笔触上的跳跃感，远处表现柔和、模糊，形成线条笔触在表现上的对比作用。用

图 4-11 几何形体作画完成稿(邓怀东)

铅笔不同色度的轻重、急缓和层次的增减，形成虚实变化，用这种对比强弱、虚实的表现，充实、丰富画面的体积感和空间感。

4.5.2 其他静物写生

1) 静物写生的要点

静物所包括的题材和内容很广，各种对象的形象体结构千差万别，这对初学者来说，是在进行静物写生之前所遇到的第一个难题。但一般来讲，可分为两大类研究。一类为规则形体，另一类不规则形体。

规则形体，又有单体与组合体之分。但是，只要我们认真地抓住形体比例、结构特征，以及光线的投射角度等变化规律，认识和表现起来，便都会比较容易。

不规则形体，相对地来讲，则略复杂些。要想充分地理解和掌握它，只凭直觉感受是不全面的。还需要对物像进行理性的分析与判断，即做近似规则形体分析和概括。

在静物写生中；无论遇到多么复杂的形体，只要正确地运用分析和概括的手法，都会成功地表现出对象形体的鲜明特征。

静物写生，我们要特别注意表现不同物体的质感特征。每个物体都有各自不同质感特征。写生过程中就要认真地进行分析和研究，以便更好地表达物体的鲜明特征。

我们都知道，每个物体都是由不同的物质材料构成的。所以，诉诸于我们的视觉感受就不一样。通常物体的质感，主要是靠吸收光与反射光的性能反映出来的。不同材质、纹理的物体，会产生不同的明暗色调变化。如表面光滑的瓷器、金属、有机玻璃等制品，经光照射后，受光部分产生强烈的高光，背光部易受周围环境的影响。因此，使得整个物体的明暗色调排列顺序，呈现出忽明忽暗不规则的变化。其次，粗糙的物体，如衬布、纸张、毛纹化纤等制品，它们的特点是：当物体受光后，其表面会形成由浅到深(阶梯式)的明暗调子的排列。另一种，为透明或半透明的物体，如玻璃、水、塑料等。这类物体受光后，有时受光部的中间层次并不亮，而背光部则由光线的透射或折射原因却变得很亮。比如，玻璃杯子盛水后的效果就是如此。

在写生中，我们还要注意表达静物的主题。在静物写生之前，不仅要研究造型方面的内容，而且还应注意挖掘组成静物的主题和构思，分清静物中的主要形象与次要形象。只要做到这一点，在进行写生时，才能保证重点突出，主次分明，最后达到突出静物主题的目的。

2) 作画方法与步骤

步骤1. 注意主体物与衬托物的空间布局，精心安排好构图。要求画面主次物安排得当，主体突出，从静物组合的群体形状入手，避免盲目的局部堆砌。起稿画轮廓时，应对各静物形体与构造、比例与透视的关系表现得恰当而准确，同时把整体的明暗交界部位作概括的标示(图4-12)。

图4-12 静物的写生步骤一

步骤2. 按黑、白、灰关系展开大色调，注意观察在光照物体之间不同固有色和质地上的差别。如图4-13，瓷罐、水果、书本等各个自身明暗色度不同，表现过程应从色调对比逐渐展开。由于罐、水果、近处衬布的暗部有环境和光线的反射，对于其暗部色调，画面上要有不同透明度的对比和处理，以便深入过程可进行重点刻画，充分体现静物反光的质地感。受光、顺光明暗层次的转变要根据各物体质地、色度的差别进行作画，高光辉点要有形，而不死板。大色调开始阶段就要注意在笔法技巧上形成不同的处理方式，为进一步地刻画、反映质地和虚实关系的处理打下良好的作画程序基础，以便增强静物形象的对比和丰富性(图4-13)。

要点：① 虽然仍是从暗部区域入手，但不同于石膏几何体写生。因各静物质地的差异、固有色度的不同，开始涂大调子要把罐子自身的"黑、白、灰"关系与水果等物件之间的色调形成色度上的对比。如罐子、水果和衬布的受光面在画面上应有较明显的色度差别。

图 4-13　静物写生步骤二

② 反复体会、感受各静物之间形体的结构与特征，形体体面转折的方圆、粗糙与光滑等不同之处。在静物大调子阶段就应初步形成体积、质地、空间的立体造型关系。

步骤 3．从主体前景罐子开始具体刻画物体形象。由于受光、反光的现象，使其较暗的中间色调集中于罐子明暗交界部位，按照体积的明暗，深入刻画过渡色调。同时，根据形体结构，精心刻画轮廓的边缘、体面的起伏转折和投影的虚实关系。依次刻画各主体形象，着重体现体积、质地的立体形象的塑造。在深入局部刻画的过程中，注意主体与衬托物相互映衬，而不孤立，前后虚实具有过渡层次。经过反复深入色调、形体、空间、质地刻画后，对其静物形体、空间、质地的感受要与画面呈现的效果作一一比较，进而调整、检验画面中诸多造型因素，使之视觉感受与表现统一起来（图 4-14）。

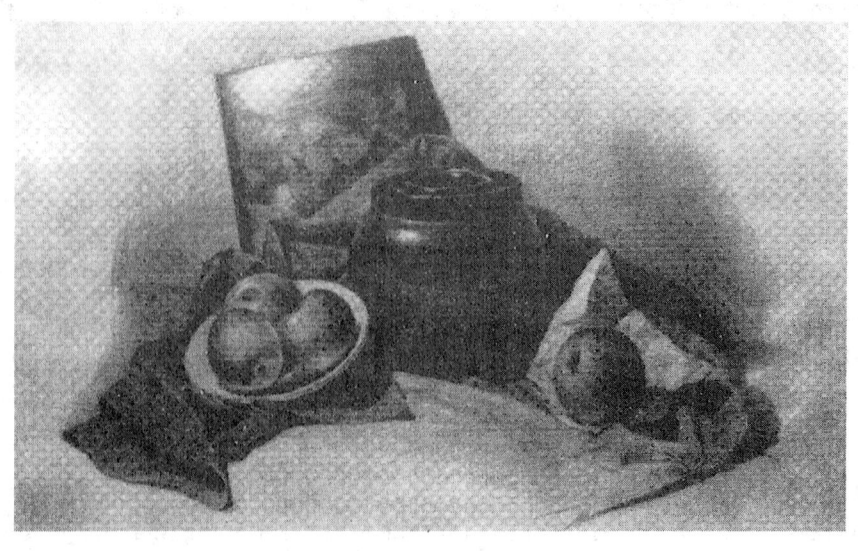

图 4-14　静物写生步骤三

要点：① 深入刻画不是无限制地找出色调层面，这样就会越画越复杂、琐碎。深入是对静物形体结构关系的深入，细部的刻画应依附于形体关系，这样越画越明确，越立体，越结实。作画过程通过分析、综合、理解，认识清楚了，才能恰当而有力地表现出来。

② 局部与整体是作画过程无时不碰到的矛盾，局部刻画的目的是为了突出主体，每次对细节深入一遍都应是对整体理解更深入一层。所以局部与整体关系处理与表现得好坏是鉴别造型能力高低的标志。

4.6 风景画写生

写生就是面对实物进行作画，写生的方法很多，下面就要讲素描风景写生方法。

素描风景，是风景画的一种表现形式，也是彩色风景画的基础。

学习素描风景画，要注意下列三方面问题：

4.6.1 由简入繁，循序渐进

初学者可从画简单的景物入手，再逐渐表现较复杂的景物。例如画树，先描绘单棵树，再过渡到画不同品种的几棵树，继而表现森林、小道、田野、河流等自然景物的组合。通过这一过程，以理解各种物体的结构与色调层次关系。这样，就可以逐步掌握在平面上表现立体形象、空间感和质感的绘画技能。

4.6.2 善于概括、取舍

我们在室外写生，看到的景物范围极大。因此，我们在写生时就要在你所看到的景物中，选其中你最有感受、又富于画意的一部分来表现。画面要求主次分明。主体部分尤为突出。次要和其他陪衬的部分要作概括、简化处理。一开始画风景，注意不要贪大求全。所画的景物过大，往往流于空泛杂乱，不容易画出好的效果。

4.6.3 注意气候和光线的变化

要认识到不同季节、不同时间、不同天气下景物的复杂变化。即使同一景物，在上述不同条件下，这种变化也是十分明显的。要细心观察早晨、中午、黄昏同一景色的明暗变化规律，还要留心晴天、雨天、阴天中景物的区别。这些自然条件变化对景色带来的影响，形成明暗、强弱、浓淡的变化。所以，在我们画风景画时，就应注意到这些情况，注意它的特征，用不同的手法来表现自然界的变化。

自然景物在不同角度的光线照射下，其明暗关系会发生很大变化。比如说，物体受早晨阳光的照射，由于投射角度小，投影很长；到中午，由于投射角度增大，投影就很短；下午，阳光从另一个方向照射，投影方向与早晨的相反。光线变化如此之快，因此，室外写生时间不宜过长。当天画不完，可在第二天或以后同一时间继续画。

风景写生的方法与步骤：

1) 构图落幅

风景画写生的开始，首先根据取景的内容，确定主题是什么。然后，去考虑如何表现它，打算把主要的部分放在画面的什么地方，画得多大才合适。把这些都解决了以后，可以开始把它的大体轮廓勾出来。其次，根据这个主要景物的大小比例与位置，勾出周围次要部分的轮廓(图4-15)。

这里，应当注意两点：一是，根据我们内容的需要，考虑天空与地面在画面上的宽窄比例，确定地平线的位置。有了它，表现景物的透视关系就有了依据。二是，要注意作画程序，勾轮廓要一下把每个景物的形状细致地勾定。接着，检查一下画面的大体布局，看有没有毛病。再从主要部分画到次要部分，刻划细部的轮廓。

2) 确定阳光方位

轮廓画完后，应注意一下太阳照射的方向和角度，观察一下天空、地面、树林、建筑物的颜色和其明暗关系。因为，它们在每个时间里(如早、午、晚)都不是一样的。特别是影子的变化速度较快，应该迅速地将其记录下来(图4-16)。

图4-15 风景画写生步骤一(邵黎明)

图4-16 风景画写生步骤二(邵黎明)

3) 刻画细部

前面两个作画的步骤,不过是安排画面的大体布局。现在这一步,才是作画的主要部分。所谓刻划细部,旨在明确和掌握住主次及背景之间的整体关系后,进行细节的充实与处理。这里重点是对主要景物部分,需作着力的刻划;对次要景物和陪衬的景物,则要作概括性的描绘。以此达到主次鲜明、虚实得当的画面效果。

4) 调整统一

在细节刻划基本完成之后,还需要对整个画面作全面的检查和修饰。具体地讲,可从几个方面去检查和修饰。诸如,画面的情调是否体现了最初的构思与意图,各种景物的结构、质感、空间,表现得是否充分,画面的完整性如何等。如果哪方面存在问题,或表现得不足,就应当进行有针对性的加工和处理。这样,这幅风景画就完成了(图4-17)。

附素描风景作品图4-18、图4-19,供学习参考。

图4-17　风景画写生步骤三(邵黎明)

图4-18　风景写生(邵黎明)

图 4-19(a) 风景写生(邵黎明)

图 4-19(b) 风景写生(刘远智)

4.7 硬笔画画法

硬笔画包括的种类很多,其形式也十分广泛,如粉笔、铅笔、钢笔、尼龙笔、鹅管笔、竹刷笔、马克笔、油笔等多种,凡是硬形物品制成刷或笔状,蘸色都可做画,但所表现的风格和效果是皆然不同的(图4-20~图4-25)。

图4-20 钢笔画(刘远智)

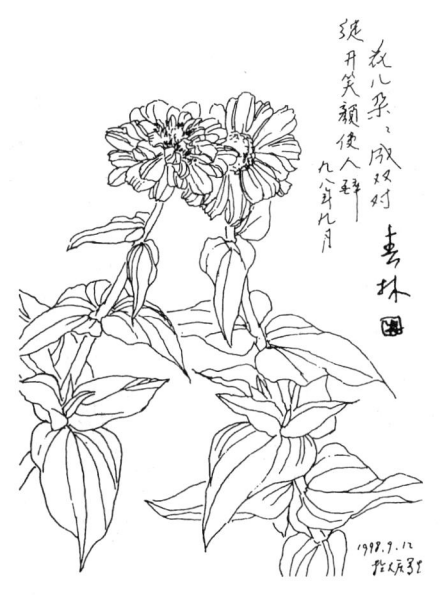

图4-21 油笔写生(赵春林)

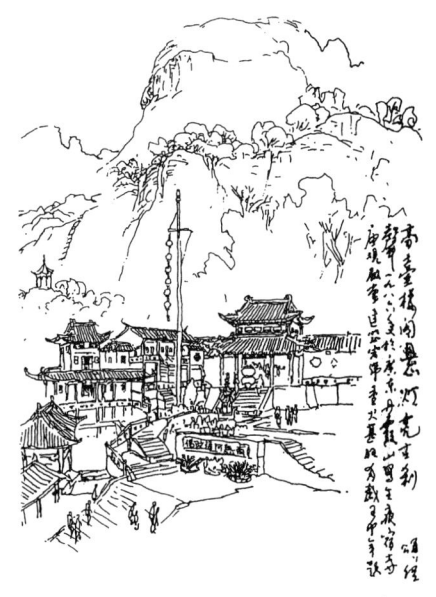

图4-22 钢笔写生(王中年)

图 4-23　黄山　毛笔写生(赵树松)

图 4-24　马克笔写生(刘远智)

图 4-25　钢笔画写生(王中年)

傣寨烟雨中(1987年于云南速写)

在日常的生活中，为了使少儿早期接受形和色的知识，幼儿教师首先向孩子们介绍一些简笔画。儿童出版社出版的一些刊物中所表现的一些简笔画，多是用蜡笔画的；美术班和美术学院向学生传授素描知识，多是用铅笔画的；园林规划设计的一些效果图全是用钢笔画的。不同的对象、不同的目的、不同的专业选用不同的硬笔来做画。这些笔虽然种类不同，但表现方法都差不多，为了突出我们的专业，更好地表现园林景观，我们重点介绍钢笔画的画法。

钢笔画是所有硬笔画的代表，如果画钢笔画的方法掌握了，其他的硬笔画可根据钢笔画的绘画方法，结合其他硬笔种类自身的特点，在画法上适当地加以改进，就可以很好的掌握它的画法。

钢笔画的基本画法

钢笔画不同于一般形式的绘画，自19世纪末作为独立的画种以来，钢笔画被广泛地应用，因此，了解钢笔画的特性、表现手法以及一些在造型方面的特殊要求，是掌握钢笔画造型方法的立足点。

4.7.1 钢笔画的工具及材料

笔。钢笔画的工具可采用多种形式的硬材制笔。通常人们把钢笔称为硬笔。采用绘画的钢笔有各种不同的型号，当笔头满足一定的宽度及其他要求后，它可与各种笔如毛笔、铅笔、木炭笔、色粉笔等结合起来表现对象。铅笔在钢笔画中具有一定地位，初学者可使用铅笔起稿，在画面完成后再将铅笔痕擦去，这样可使画面生动、和谐、自然。

墨。根据笔的特点，钢笔一般使用黑色的炭素墨水、墨汁作画，但有时为了画面形式要求，也采用特殊色彩，如褐棕色墨水、蓝色墨水等材料作画。

纸。钢笔画用纸一般选用光洁、厚、硬，有一定吸水性能的纸，如绘画纸、素描纸、卡纸、铜板纸等。在具体表现对象时，可有意的对一些纸做一些特殊工艺性的处理，这样可取得特殊效果，增强钢笔画的艺术表现力。

4.7.2 钢笔画的基础训练

点。点是钢笔画的一种表现语言，可以使用集中、扩散、重叠等手段来表现客观对象。同时，也可以作为一种修饰丰富画面，使钢笔画具有较强的艺术感染力。

线。线条对于表现客观对象起着非常重要的作用。客观对象的不同，表现的线条也不同。具体来说，它们有长、短、曲直、宽窄、轻重、刚柔、强弱、虚实等多种变化和对比，只有对这些线条熟练掌握并能融会贯通于自己的钢笔绘画实践中，才能创造出好的钢笔画(图4-26)。

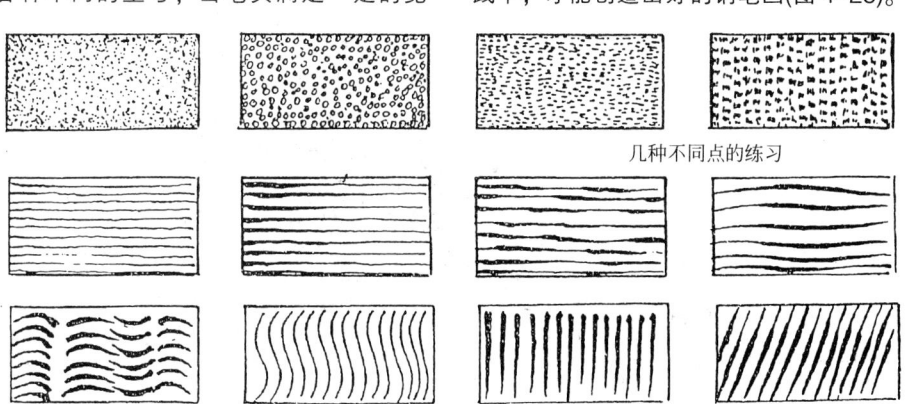

几种不同点的练习

几种不同线的练习

图4-26 钢笔画线的基础训练一

面。面是钢笔画表现语言中的重要部分,线和面在钢笔画中不能绝对分割开来,各种不同的线条的组合可以取得丰富多采的面。因此,线、面结合的训练对于初学钢笔画的人来说是非常重要的(图4-27)。

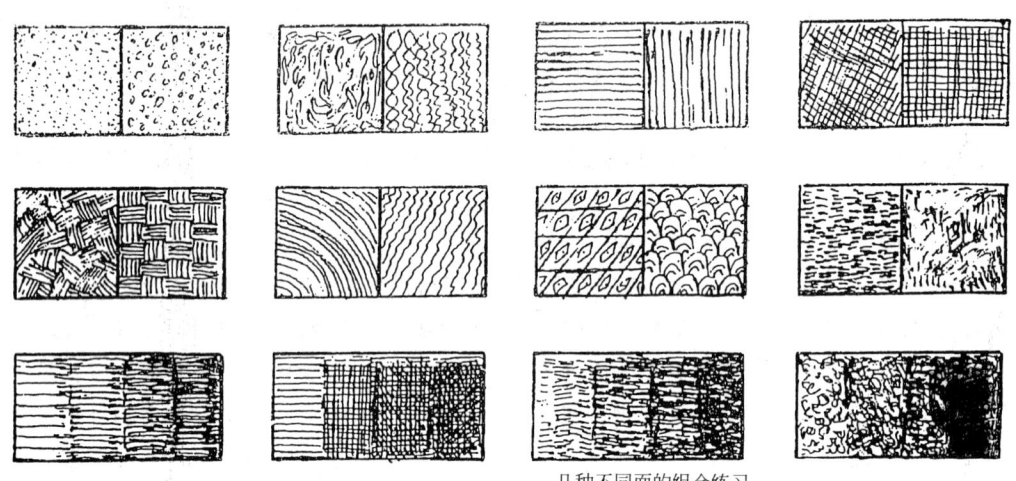

几种不同面的组合练习

图4-27 钢笔画线的基础训练二

4.7.3 钢笔画的表现形式

钢笔画的表现形式一般可以概况为三种:线条画法,明暗画法,点、线、面相结合的综合画法。

1) 线条画法

线条画法又称线描。它与中国传统的白描相近似。线描是一种古老而现代的表现手法,画者可通过各种不同形式线条来表现对象(图4-28~图4-31)。

图4-28 风景

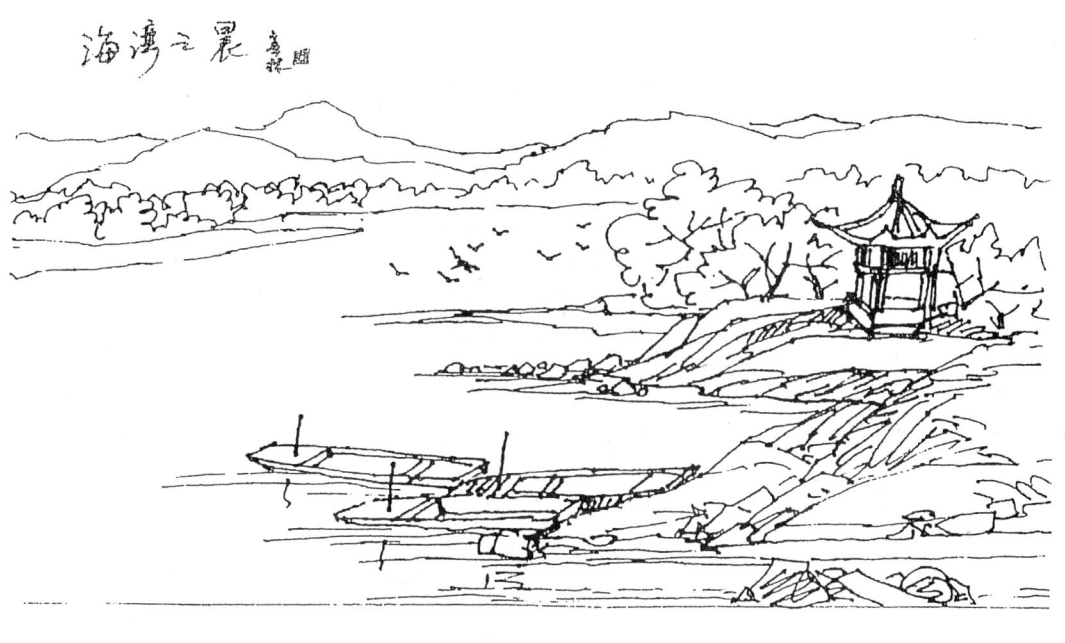

图 4-29 风景(赵春林)

图 4-30 松树(赵春林)

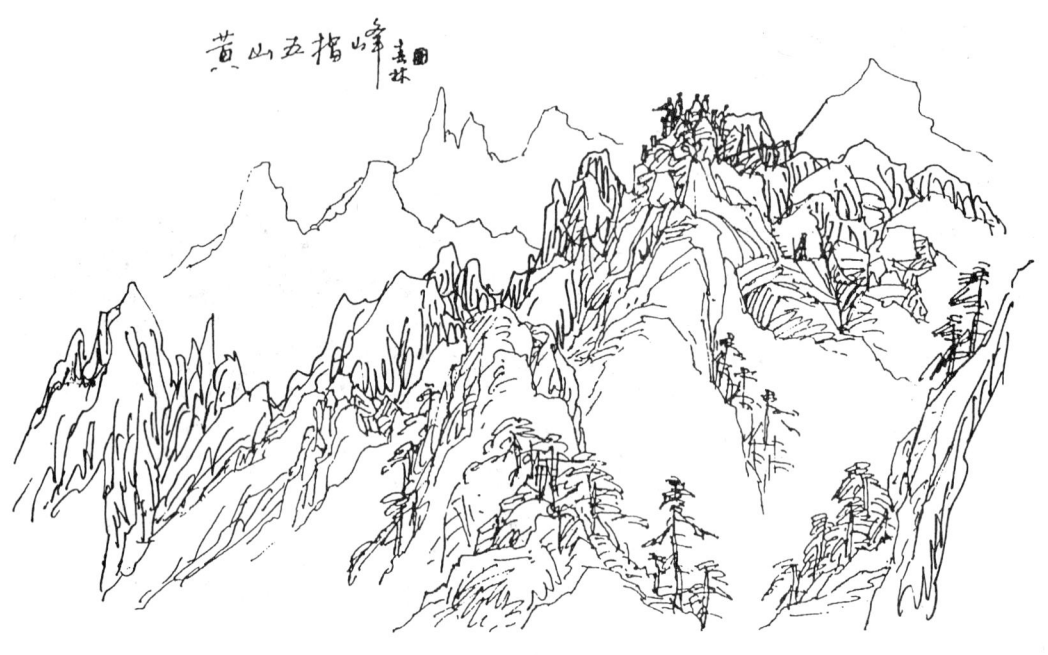

图 4-31 黄山风光(赵春林)

2) 明暗画法

钢笔画这一画种来于西方,从表现形式上看总离不开它的母体。钢笔画运用明暗法来表现对象时,在运用明暗变化规律的基础上,同时更注重对象的概括处理。这是因为钢笔本身的特性所决定,钢笔画不可能像表现传统素描那样细腻地表现丰富多变的明暗层次。钢笔明暗画法的概括方法是用明暗线条表现对象中比较突出的要素,处理好黑、白、灰三者的关系(图 4-32、图 4-33)。

图 4-32 明暗处理(赵春林)

图 4-33 明暗处理(赵春林)

3) 综合画法

在线条和明暗画法的基础上,运用点、线、面进行表现的手法叫综合画法。因为它同时又兼备有线条画法和明暗画法的优点,故此种画法具有较大的灵活性、自由性,因此大多数钢笔画家使用此法做画(图 4-34、图 4-35)。

图 4-34 综合法写生——沧浪亭(刘远智)

图 4-35 综合法写生(赵春林)

4.7.4 钢笔画写生步骤

一般可把钢笔画写生归纳为以下四个步骤进行。

(1) 确立表现对象，安排好构图；
(2) 用铅笔起稿，完成表现对象的全部轮廓，并规划出对象大的明暗部位及阴影形状；
(3) 用钢笔表现出大体明暗关系；
(4) 对画面进行统一调整，进行一定艺术处理，完成画面。

4.7.5 几种常用建筑配景的钢笔画法

建筑配景是指用来陪衬建筑物效果的环境部分，主要包括树木、花草、汽车、云、人等。建筑配景的选用直接关系到视觉上实际建筑物的大小以及其气势特征。下面介绍几种常用建筑配景画法。

树的画法：钢笔画表现树木，首先要把握好枝干的生长规律，然后能概括简洁地处理树叶、树冠的形态，正确处理远树与近树的空间关系，在构图上要有利于烘托建筑形象和表现建筑层次，如图4-36。

云的画法：钢笔画表现建筑物时，有时根据建筑表现图的需要，涉及到天空中云的表现，一般概括起来有三种形式——条云、朵云、泛云，如图4-37。

人的画法：钢笔建筑画中，配景人物的表现主要要抓住人物的基本比例和基本形体特征，恰当安排人物的透视关系。并适当注重人物动势表现，使画面更加生动(图4-38)。

汽车的画法：钢笔建筑画中常用汽车来点缀画面，画汽车同样得把握其形体透视，与建筑物的比例关系。表现时，可先画汽车本身的扁长矩形，然后再画其他部位及投影，表现形体愈简洁愈好(图4-39)。图4-40为几种墙面画法。钢笔风景作品图4-41、图4-42供学习参考。

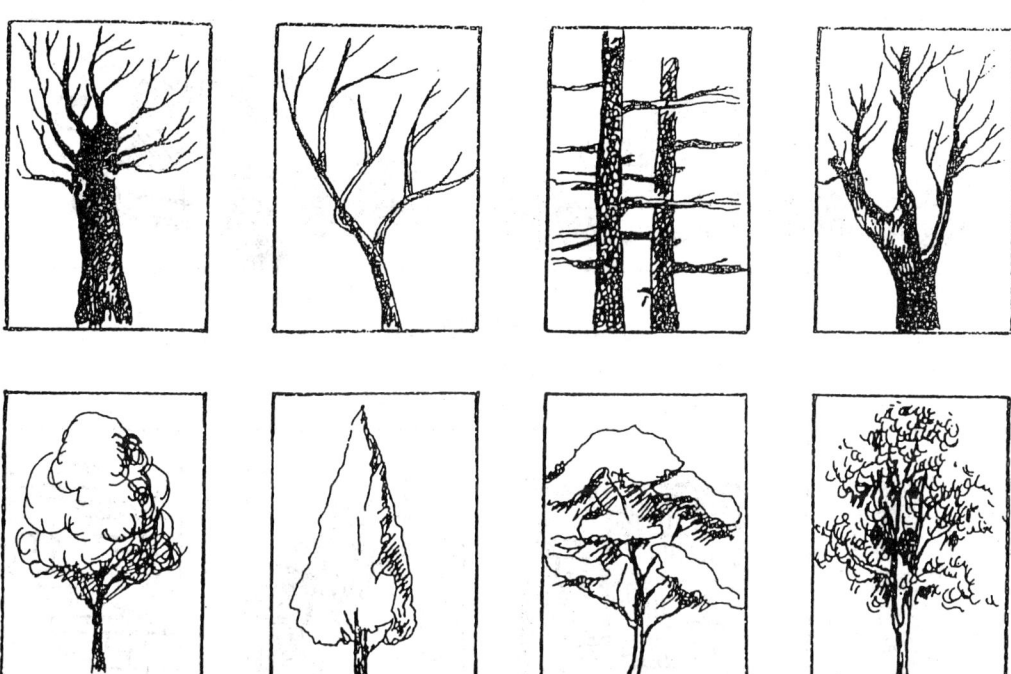

图 4-36 建筑配景(一)

条云

朵云

泛云

图 4-37 建筑配景(二)

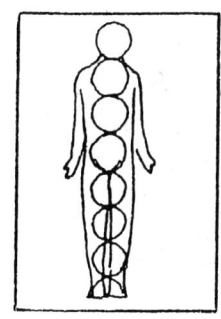
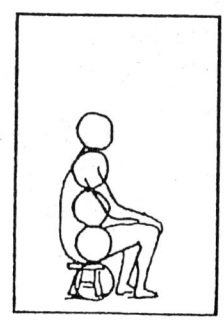
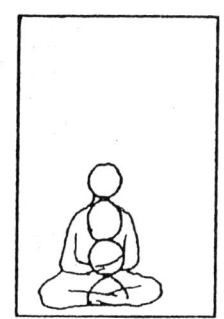
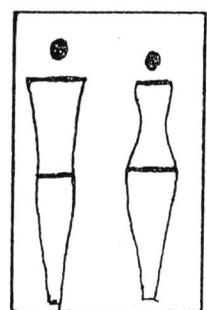

图 4-38 建筑配景(三)

图 4-39 建筑配景(四)

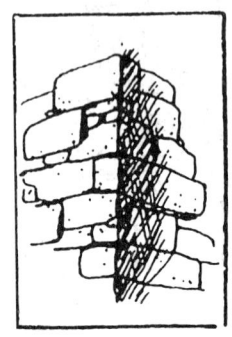   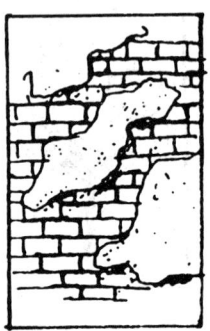

图 4-40 建筑配景(五)

图 4-41 钢笔风景(邵黎明)

图 4-42 钢笔风景(刘远智)

复习思考题

1. 什么是素描?
2. 结构素描和明暗素描的主要区别是什么?其主要目的各是什么?
3. 说明明暗素描基本写生方法步骤,作一写生素描画。
4. 画一组几何形体和一组静物形体的结构素描。
5. 画一组明暗静物素描。
6. 用硬笔画一园林风景画。

第5章 色　　彩

5.1 概　　述

5.1.1 色彩的概念

光产生色彩。"色彩是光之子，而光是色之母"。园林景物，在漆黑的深夜无从谈其艺术效果。当月光、阳光出现时，园林才会变为五彩的乐园。

前人为我们了解色彩，做了大量的工作。首先是物理学家，研究了色光的构成混合，光谱原理。化学家，研究了染色的机制和颜料的分子式结构。生物学家，研究了光与色对我们的视觉器官的各种效果作用。

艺术家的兴趣，则是从色彩效果的美学角度进行研究。他们力求揭示，由眼睛接收到的色彩标记和色彩在人们身上产生的效果之间的关系。对比的效果及它们的分类是研究色彩美学的出发点，对于艺术教育、建筑、园林，都是特别重要的。

5.1.2 学习色彩学的意义

1) 重要性

色彩，是艺术美研究的一个重要方面。色彩，是产生美感和艺术魅力的基础要素，是艺术形式美表现的重要手段。

2) 色彩在现代生活中的作用

色彩，完全融合于日常生活中，成为现代生活的一个重要特征。在设计的诸要素中，色彩被认为是设计对象的一大价值。

3) 色彩对于人类的影响

色彩，有使人增强识别记忆的作用，有明显的刺激和影响情绪的作用。色彩，可以传达意念，表达一定的涵义（即使是很复杂或抽象的东西，经过色彩处理后，也能变得易于理解）。色彩，在视觉上是容易使形象增强感染力和增强吸引力。

5.2 色彩的基本原理

5.2.1 色彩构成

构成，是将两个以上单元按照美的规律，原则组合成新的单元。将两种以上的色彩，根据其原理和目的性进行搭配，取得新的色彩。这种利用色彩要素进行搭配或交变能获得色彩新的审美价值的原理、规律、法则、技法的学说就叫色彩构成。色彩构成理论研究现已十分深入，形成独立体系。现在全国各院校用构成方法来训练学生对色彩的运用和理解已取得很好的效果，计算机完成的构成图更是五彩缤纷。

5.2.2 色彩的基本原理及构成规律

光与色彩的关系：

1) 阳光的特性

阳光，由恒星太阳发出的不同波长的电磁波所构成。分为七色光谱(指可见光)。

不同的颜色，波长是不同的，人眼所能感觉到的光波长度，仅在 400~700mμm（毫微米）之间。

2) 光的强弱对色光的影响

一般讲，我们离发光点近，就感到光线强（我们平常说的，光源近，色彩鲜亮；光源远，色彩暗弱的色彩变化就是如此）。

科学发现恒星的发光，也有所不同（有白光、红光、蓝光），它是恒星年龄的表征。红光，是恒星的老年期。白光，是恒星的壮年期。蓝紫光，是恒星的青年期。因此，我们要对发光体及光的强弱等因素，有一定的了解。

3) 光源的色彩

自然光源：太阳、反射光(蓝天、月光)等。

人造光源：各种灯光、电焊弧光等。

观察研究色彩问题，首先应了解的是光源

色。它是色彩现象的主要因素。其次，被照射物体及射出的不同色光的数量和比例，决定着色彩。颜料也是如此。

5.2.3 颜料的色彩分类(原色、间色、复色、补色)

1) 原色(又称第一次色)

指本身不能由别的颜料混合成，但用它们中的两种以上便能混合成任何一种色彩的原料。绘画上以红、黄、蓝为三原色(彩图1)。

日本大智浩科学地提出，三原色为红(晶红、玫瑰红)、黄(柠檬黄)、蓝(湖蓝)。

这种提法，在现代彩印术上充分得到证实。其意义是，认识色彩的合成因素，帮助我们分析研究色彩规律。

2) 间色(即第二次色)

间色，系由两种原色调合而成(彩图2)。

$$间色\begin{cases}红+黄=橙\\黄+蓝=绿\\红+蓝=紫\end{cases}$$

间色在光谱中，占很大的光色范围，约占300mμm。色光的丰富而多变化，便是间色的作用。了解间色的构成，对绘画的实践有很重要的意义。

3) 复色(又称第三次色)

两间色相加(或一原色与灰浊色混合)成为复色(彩图2)。

4) 补色(又称互补色、余色)

三原色的一原色与其他两原色混合成的间色，互为补色(彩图4)。

在绘画上，称补色为对比色。其效果对比强烈。如红与绿、黄与紫、橙与蓝等(彩图4)。

5.2.4 色彩的基本属性

1) 色彩三要素(色相、明度、纯度)

(1) 色相

指色彩的相貌。每一种颜色，都有其特有的同其他颜色都不相同的表相特征。这是色彩倾向性变化的差异(彩图5)。

它可分为光谱色相和物体色相两种。

(2) 明度

指色彩自身固有的明暗程度。又可称亮度、深浅度。

对光源而言，可称光度。同时，指一种色相在不同强弱光线照耀下，呈现出的不同的明度。在绘画中，主要表现为素描关系。如每个色相加白色则提高明度；加黑色，则降低明度(彩图3)。

A. 绝对明度值及其比值

任何一种色彩，当其处在最强烈的状态，都可测出其明度。此时的值，称为明度值，又称绝对明度值、临界明度值。不同色彩的明度值互相比较，呈一定比值。

B. 色彩处于纯度饱和时，其绝对明度值影响色彩的知觉程度，可以成为调整画面色彩节奏和明暗节奏的重要依据。

(3) 纯度

也称彩度、艳度、鲜明度或色相感的饱和度。最大饱和度，具有该色相最完备的色性特征(彩图6)。

色相越明确，其色彩纯度越高。理论上讲，黑、白、灰不是色彩，不带有色彩倾向性，没有色彩性，其纯度为零。但这种黑、白、灰只在实验室中才能得到。实际上，在绘画中，只有相对于其他色彩时，它们才显得是无色彩倾向的。而不同的黑、白、灰互相比较，还是有色彩倾向的。

2) 色性

就是色彩的性质、性能或"性格"。它是色彩在人的心理上所引起的反应，以及由此而产生的情感效应(也是色彩的冷暖问题)，参见表5-1。

色性的自然因素

色彩的冷暖感觉，是人类在长期的生活中对各种物象的性质、性能在色彩特征上所形成的比较稳定的视觉心里感受。

各种色彩的特性　　　表 5-1

颜色	色彩情感特征
白	纯洁、明快、天真、幽雅、高尚
黑	严肃、悲、恐怖、刚强、朴素
灰	含蓄、中立、调合、平淡、消极
红	炽热、积极、革命、活力、喜庆
橙	活泼、热烈、富丽、光、兴旺
黄	欢娱、智慧、发展、明朗、轻快
绿	生机、和平、希望、自然、青春
青	深远、悠久、永恒、沉郁、冷漠
紫	神秘、高贵、不安、孤寂、阴森

由此，日常我们见到蓝，会联想到水、天空，产生凉意；见到红，会联想到火，产生暖意；见到橙红，会给人兴奋的作用；见到青蓝，会给人抑制的作用。

色性的社会因素

人在社会生活中，由于个人生活条件的差异，形成了个人的经验、爱好、观念、习惯。同时，由于民族风格、宗教、道德、经济、政治等影响，形成了形形色色的观念。从而，对色彩产生了复杂的反映。社会因素，是在自然因素上形成的。

例如，红色的色性是暖色(自然因素)，能给人产生炽热的感觉，表现喜庆的场面(社会因素)。

色性的分类

色性可分为三大类：暖、冷、中性色(彩图7)。

暖：红、橙、黄。

冷：青、蓝、绿、紫(不稳定中性色，可向两面转化)。

中性：金、银、黑、白、灰。

冷暖不是绝对的，是相比较得出的。如，大红、紫红、朱红比较之后，就有着冷暖的变化。

最暖的色，橙。最冷的色，青、湖蓝。

色性与时代感有着紧密的联系，我们的感情与时代的呼应，可通过色性来表现。

原始人：重对比强烈。

近代人：重调合。

现代人：追求稚拙(原始)对比的色彩又复苏了。

5.2.5 自然界色彩的变化规律及观察方法

1) 色彩的变化规律

(1) 光源色

A. 光源的种类

聚点光，指太阳、月亮；漫射光、散射光，指蓝天等。

聚点光源，光明显；漫射光源，光较弱。

B. 不同的光源色，使同一物体呈现不同色彩，并决定画面色彩的强弱、明暗和冷暖。

(2) 环境色(亦称条件色)

任何色彩现象，都不是孤立的，由于物体受周围环境的影响而引起色彩变化。

环境色比光源色弱，它产生于物体之间的相互作用。它使色彩丰富而多变。

(3) 空间色

它指画面有纵深的感觉，是色立体和色透视。表现在两个方面：

A. 蓝天，是蓝色。宇宙空间，是黑的，因为没有空气。天空之所以是蓝的，是因为大气层的作用。

B. 透视感。一般说，①近色明度，对比强；远色明度，对比弱。②近色，纯度高；远色，纯度低。③远色偏灰。④近处，暖；远处，冷。

(4) 固有色

泛指在阳光间接反射下其他光源影响较少时物体呈现出的色彩。在实际作画时一般我们可近似地把固有色看作物体本身所具有的色彩。不同的物体，体现各种不同的色彩特征，具有自身的表象因素。

2) 色彩的观察方法

(1) 整体的观察方法

A. 抓基调的方法

观察色彩时，先找出色彩系统。从光源色中把握整体的基本调子。在大色块的范围内找基调。其他千变万化的小色块，都受基调的制约。

找出色彩的共同关系，使色彩具有统一性的关系，以防色彩零乱等现象，处理好对比关系和主次关系。

B. 相比较的观察方法

比较，比较，再比较。从大的方面比较，再从各个部位比较，与邻近的部分比较。然后，再从整体进行比较。

比较观察的目的：

A) 明了色相、纯度、明度之间的变化，从而达到表现色彩的准确性。

B) 通过比较，处理整体与局部的关系。总的方法是，整体→局部→整体。只有对比，才能找出差别及色彩的变化。

(2) 分析研究的观察方法

物体的色彩分析，是理性地掌握色彩变化规律十分重要的一步，对绘画实践有重大的指导意义。

常见的说法如下：

A. 高光。是光源色的密度值最大最集中的反射。

B. 光源色和固有色的结合。固有色，决定受光面的基本倾向。光源色，决定物体的冷暖倾向。

C. 受光面。在光源较弱的情况下，受一定的环境色的影响。

D. 暗部的色彩。在室外光的条件下，是次光源色对暗部的影响。在室内，则是环境色和固有色的影响。

物体暗部色彩分析：

A) 从调子中寻求暗部的色彩。

B) 利用对比，从次光源和环境中找暗部的色彩关系。

C) 用对比的方法，暗与暗比，以找出色彩暗部的色彩关系。

D) 用空间色的法则，去找出不同空间范围的暗部色彩变化。

E) 利用冷暖的对比，以找出暗部的冷暖倾向。

5.2.6 色彩的对比关系及调和

1) 色彩对比的含义

色彩对比的含义，是指两个以上的色彩放在一起，能够比较出一组色彩相互间的各种差异。此时，两色之间的关系，即是对比关系。

当一组色彩的差异达到最大的程度时，我们称之谓直径对比或地极对比。

我们的感觉器官只能通过对比而起作用。眼睛只有在看到一根较短的线条，经过比较，才承认另一根线条是长的。色彩效果同样是用对比的方法来认识、体现的。对比，使色彩有多样性、丰富性；无对比，则无个性差异和变化。

2) 色彩的几类对比关系

(1) 明度对比

因明度差别而形成的色彩对比，即明暗对比关系。

明度对比，是构成色彩效果的基础。任何色彩的处理安排，首先都必须适当处理明暗对比。它是造成光感、明快感、清晰感等心里反映的重要因素。

(2) 色相对比

因色相的差别而形成的对比，称为色相对比。

(3) 纯度对比

因色彩纯度的差别而形成的对比，称为纯度对比。纯度对比，一般指高纯度(鲜明)与低纯度(灰)的对比。

A. 高纯度

色相明确、醒目，视觉有兴趣，心理反映明显(鲜明、实在、重的、跳跃)。

B. 低纯度

色相含蓄、模糊，视觉兴趣少，长久注

视，易感到厌倦、单调(不鲜明、虚的、轻的、隐伏的)。

纯度对比，可增强色彩的鲜艳感，造成一种灰暗低弱与艳丽生动的对比效果。

(4) 冷暖对比

由色彩冷暖的差别而形成的色彩对比。

一般把"橙"色，定为最暖色。把"青色"，定为最冷色。冷暖色彩的对比，是绘画中色彩运用的根本。它与人的生理、心理密切相关(表5-2)。

人们对色彩冷暖的感觉　　表5-2

冷 色	阴影、透明、镇静、稀薄、冷静
暖 色	阳光、不透明、刺激、稠密、热烈
冷 色	淡的、遥远、轻的、女性的、微弱
暖 色	深的、近旁、重的、男性的、强烈
冷 色	湿的、理智的、缩小、流动的、圆滑曲线的
暖 色	干的、感情的、扩大、稳定的、方角直线的

日本大智浩认为，人们对色彩冷暖的不同心理反应，具有表5-2的感觉与体验：

(5) 综合对比

由明度、色相、纯度等两种以上性质的差别而形成的对比。

3) 色彩的调和

在音乐中，有谐音与不谐音。在色彩中，则有调和色与不调和色。调和，使不同色彩有一致性和均衡性。无调和，构不成美的韵律和整体感。

(1) 调和的涵义

作为技巧，调和是弱化色彩冲突、对立的过程和手法。作为其结果，则是色彩间的联系和统一。在实际作画时，调和通常是指两种或两种以上的色彩之间所产生的均衡、协调统一的状态，也是不同色彩的类似与对比之间的相互平衡的效果。

(2) 怎样产生色彩的调和的美

将色彩的色相、明度、纯度和面积等要素，保持一定的秩序感和将色调对比的变化加以适当平衡，才能产生和谐与美感。

(3) 几种处理色彩调和的方法

A. 同类调和。指同一色相中的深、中、浅，运用明度、纯度不同的变化来表现层次、虚实。

同类调和，统一感很强，可是缺少动感，令人感到单调。但注意拉开并调整色阶间隔或转换某些色的冷暖，仍可得到一种明朗的柔和色感。

B. 近似调和。是近似和邻近色彩的调和(一般有单调平淡的感觉，需注意各色之间的明度、纯度和面积的对比变化)。

C. 同一调和。

A) 确立主调，以统率画面色彩。

B) 互相对比的色彩，共调入黑、白或其他颜色，增加其同一的色素，使其调和。

C) 运用中性色作为过渡，以缓解色彩对比的程度。

D) 在互比色中进行一定程度的相互渗和，使其产生共性，从而达到调和目的。

D. 分割调和。使用黑、白极色，中性灰色，将对比色分割，或用这些色作底色缓和直接对立状态，增加同一因素，从而达到调和。

E. 面积调和。增减对比色之间的面积，使其达到明度的均衡或造成色量的差距，从而达到调和。

F. 秩序调和。对比的色彩，进行有秩序的组合，形成一种渐变的、等差的和谐，形成有秩序的调和效果。

G. 距离调和。在画面上，拉开对立色块的间距，以削弱色彩冲突。

5.2.7　色彩的表现力及设计用色的法则

1) 色彩的表现力

(1) 色彩的感情抽象化品质

色彩能使观者产生各种感情反应。它们经过长期艺术实践，又可以抽象化，如表5-3。

色相与情感 表 5-3

色 相	情感抽象化
红色、黄色类(纯)	扩张(温暖感、兴奋)
蓝、绿色类(纯)	收缩(寒冷感、沉静)
白、黑及高纯度色	紧张感
灰色及低纯度色	舒适感
明度、纯度高	华丽高雅
明度、纯度低	朴素无华

色彩、能造成活泼和忧郁的感觉。它是以明度的变化为主，伴随纯度的高低、色的冷暖而产生的感觉。

(2) 色彩的象征性(表 5-4)

色彩的象征性 表 5-4

色彩	象征性(A)	象征性(B)
红色	热情、喜庆、幸福	警觉、危险、灾难、人情味
黄色	阳光、希望、高贵、愉快	病态、轻薄(明度最高)
蓝色	和平、安静、纯洁、理智	消极、冷淡、保守
绿色	平静、安全、青春、生命	(中性色)
紫色	优美、高贵、尊严	孤独、神秘、魔力、新颖别致
黑色	严肃、庄重、朴素	悲哀、恐惧、死亡(明度最低)
白色	纯洁、干净、高雅	无力、苍白

2) 设计用色的基本法则

绘画色彩和设计色彩，其原理是一致的。绘画色彩，包含写实色彩和装饰色彩。设计色彩，同样包含这两种，只是侧重不同。为了使同学们能更具体掌握一些设计用色知识，现重点介绍一下设计用色的基本法则。

(1) 概括简洁，以少胜多

设计用色，不宜过多。用色过多，相互抵消。以视觉因素上讲，简洁、单纯、明确的东西，要比复杂琐碎的东西更容易加深人们的印象和记忆。

(2) 注意形象色的运用

色彩，是构成物体形象的重要因素。这种内在地体现具体对象的色彩，称之为形象色。如建筑的色彩构成中，以淡雅、明快的色调为主，还需研究建筑与环境的色彩统一效果。不同的国家、民族，有着不同的传统色彩。

(3) 注意研究国内外色彩运用的趋势

现代经济文化生活高度发展，人们的喜好都在发生着很大的变化。过去设计领域中，总的倾向是图形细微、精致、用色层次多；如今则趋向于用色少，简洁明快，单纯精练，现代感强的格调。

(4) 色彩运用必须新颖独创

绘画设计用色的技巧，在于用尽可能少的色彩去达到最大的色彩效果，创造具有鲜明个性特点、新颖独特的色彩格调。这样，才能给人以深刻的印象。为此，设计用色时，需要勇于探索、求新、创造和体现时代感。

3) 如何使用色彩及调色的一般常识

(1) 如何使用色彩

A. 注重画面整体色调的处理

观者第一眼往往被总的调子所控制。设计好的基本调子是画好色彩的第一步。

B. 抓好画面不同大小的色块布局

选择好几种占主导地位的色块，来控制画面总的基调。

C. 抓整体效果和第一感觉。写生时迅速铺满画面。

D. 调色时，颜色的调配不宜过"熟"(不要调得同打底色的颜色一样匀)。

E. 使用的颜料种类不宜过多。

F. 注意颜色色性之间的相互区别。

(2) 调色的常识(水粉、水彩)

A. 看得准确，调得准(全面观察)。

B. 颜色要饱和，加水要适量。

C. 调配时，画笔不易调动次数过多。

D. 二到三种色相加，色彩鲜明、丰富。

E. 四至五种色相加，色彩灰暗。

F. 注意调色时，画笔内余色得洗净。

5.3 水彩画画法

水彩画,是以水为媒介,通过与透明颜料的调合、溶化、渗透、重叠以及其他一些特殊方法,在水彩纸上所作的画。由于水彩画具有轻盈、明快和湿润感觉,再加工具简便,容易普及,所以它是广大专业和业余美术工作者练习色彩、表现对象、搜集素材的重要手段。

水彩画源于西方,是在英国兴盛和发展起来的,传入我国之后,很快地被人们喜爱和接受,并普及运用。一方面是由于它与我国传统水墨写意有许多相似之处;另一方面由于它所使用的工具材料比较简单,轻便,易于随身携带写生作画。

5.3.1 水彩画的特性

1) 体裁的特性

一般来说,它不适于做过大的画幅和长期反复修改及深入刻画的巨型创作。就其特性来讲,它是更适合轻快地、一挥而就的作业。

2) 颜料的水溶性

水彩画是靠溶化在水中的色彩的布置、渗化、重叠来表现形象。生动、清新、爽快,是它的特有格调。

3) 透明性

这是它重要的特性,也有别于水粉画。水粉具有覆盖力;而水彩颜料没有覆盖力,画亮部必须留出纸的白色。

5.3.2 工具的特殊要求

1) 纸

它是特制的画纸,纸质洁白,质地结实,较厚,稍有吸水性。纸纹有粗有细。

2) 笔

有专用水彩笔。从形式上分扁笔和圆笔。从质地上分羊毫和狼毫。要求笔的含水量大,有弹性。也有用国画毛笔的,如加健大白云、点梅、叶筋等数种。

3) 颜料

水彩颜料,有块状和管状两种。好的颜料,含胶质少,多为植物、矿物质的颜料,这种颜料不易变色。

5.3.3 水彩颜料的特性

1) 颜料的透明与否

把握颜料的透明与否,可以预计重叠覆盖的效果,如表5-5所示。

颜色的透明性 表5-5

色彩	颜色(透明)	颜色(不透明)
黄	柠檬黄	拿坡里黄、土黄
红	玫瑰红、添红	土红
绿	酞青绿、中绿	粉绿
蓝	酞青蓝、普蓝	钴蓝、湖蓝
其他	赭石、生褐	青莲、紫

2) 颜料的渗透性和抗水性

掌握其渗透性和抗水性,便于知道哪些颜料画在纸上,可以用水洗掉,哪些洗不干净,哪些渗透到纸纤维里,哪些浮在纸表面上。

一般像中黄、曙红、粉绿、深蓝以及所有的土色,都可以洗得很干净。而酞青蓝、紫红、青莲、玫瑰红、胭脂红则留下很深的痕迹。

5.3.4 水彩画的基本技法

1) 水分的运用

水彩颜料靠水溶化带动附着在纸上,产生出各种奇妙的效果。因此,水赋予色彩以生机。

水分的运用,是水彩画技法中很关键的因素。水彩画造型的虚实,色彩的衔接,转换,气氛的渲染,全靠水分的运用。掌握水分和时间,是画水彩画中两个非常重要的问题。水分少,则干枯无味;水过多,则色彩混糊。

用水多少，要根据室内、室外、晴天、阴天、对象、不同季节等情况而定。把握水分的关键，是掌握好时间和笔中的含水量。

2) 表现时的运笔

水分、色彩，靠笔的带动而留存在纸上。如果说，水分赋予色彩以生机，那么可以说，笔触赋予它们以性格。

笔触的表现力是无穷无尽的。不仅形体靠用笔来塑造，而且质感、运动感、节奏感、气氛和情绪的表达，都和运笔有关。

笔触的效果，决定于笔的形状，笔毛的弹性，握笔的角度，运笔的方向、力度和速度。另外，纸的吸水性和纸纹的粗细，也有一定的影响。

运笔时要注意以下几点：

(1) 选择不同类型、形状的笔。

(2) 笔和纸的不同角度。中锋(垂直)，圆浑、饱满。侧锋(倾斜)，用笔多变。卧笔(水平)，表现大面积色块。

(3) 运笔的方向要多变，以增强体积感、生命力及运动感。笔触的方向造成节奏感，笔触的转动、停顿，有如音乐中节拍的作用。

(4) 力度。下笔的轻重和行笔中轻重的变化所产生的效果是不一样的。

(5) 行笔的速度。慢，造成重、浑厚感；快，则显得流畅、飘逸。

笔触的重要作用在于表现情绪。绘画是以情动人。随着作画者的情绪波动，纸上留下笔触行迹的疾、徐、挫，无疑会引发观者的共鸣。

5.3.5 水彩画的表现方法

1) 作画步骤

(1) 起稿，构成布局。铅笔起稿，用笔要轻，轮廓要准，见彩图 9(a)。

(2) 画基调色彩。先浅后深，先远后近。画各部分亮面的大色调及背景，见彩图 9(b)。

(3) 画各部分的中间层次色调和暗面。注重暗部色彩的透明感，见彩图 9(c)。

(4) 详细刻画细部、主体，见彩图 9(d)。

(5) 调整色调层次，加强和丰富主要物体的色彩变化，见彩图 9(d)。

2) 水彩画的几种常用画法

(1) 干画法

也就是重叠画法，或叫逐层加色法，是一遍遍覆盖上去来完成的。一般干画法，是从浅到深，从大面积到细部。

A. 干画法的一般过程

A) 先将总体的基本颜色薄薄的画出来。

B) 在第一遍颜色干后，再画暗部和细节，并逐步把远近、明暗画出来。

C) 待第二遍颜色干后，在最暗部再加上几笔。如表现不足，再次进行重叠着色。

B. 干画法的几种类型

A) 平涂法。按轮廓形状，将颜色一块块平涂上去，如画建筑物等。

B) 枯笔法。此法同中国画书法中的飞白近似。在表现时，笔中的含水量少，在画纸上出现特殊效果，如画树干、树枝等。

C) 点彩法。是用颜色点，表现出特殊的艺术效果。趁湿点色，使之自然融合。它是点缀枝叶和细节的常用方法。

(2) 湿画法

它是最能发挥水彩画"水"的韵味的一种方法，是趁湿一气呵成的画法。很近似我国的泼墨写意。其长处是，新鲜、生动、淋漓、痛快，很适宜画远树倒影、雨雾湿林和园林风光。

A. 湿画法的一般过程

为了便于把握时间和水分，可以把画面分成几个部分分别完成。

A) 在第一遍色未干时，加第二遍色，使色彩自然渗化。

B) 第二遍色未干时，即上第三遍色。这时画细节，笔中含水要少，用色要多而浓，使主体和细节实而不虚。

B. 湿画法的几种类型

A) 渲染法。涂色前，将全部画面用水或基调色涂湿，半干时，加进第一遍不同颜色，使其渗化。

B) 湿纸法。作画前，将画纸浸入水中20分钟左右，然后裱在画板上，趁湿作画。

C) 沉淀法。在粗糙的画纸上进行的一种画法，多用不透明的矿物颜料(如群青、钴蓝、赭石及褐色等)，涂在纸上后摇动画板，使其沉淀成有趣的肌纹。

水彩画法是多种多样的。一般一张好的水彩画往往是采用了多种表现方法，没有固定的模式。因此以上几种基本画法，是可以在同一张画中使用的。

3) 水彩与其他材料的混合画法

(1) 水彩与水粉的合用

水彩与水粉这两个画种，一个透明，一个不透明。大面积透明的部分，可用水彩。而画小面积亮的部分，可以用水粉颜料，它要比水彩留出空白容易。

水粉颜料，可用油画的表现方法，可塑性强，覆盖力强。因而在画面上形成渗化、流动与厚重、有力等质感上的强烈对比。

(2) 铅笔、钢笔淡彩

这种画法的特点，是以线解决造型的问题，而以淡彩解决大面、明暗、色调、空间、气氛的效果。其画法是，先画线，后涂淡色。要求以线为主，充分发挥线的作用。所以用色要概括。

(3) 染纸法

作画前，选一基调色彩平涂于画纸上(必要时也可以有一定的变化)，干后，利用底色作画，其画面色调自然统一。

(4) 其他

水彩的表现技法还有：毛笔淡彩、水彩与油画棒、浆糊法、刀乱法等多种特别技法。我们还可以探求变化新的表现方法，以丰富水彩画的表现能力。

附彩图8、彩图10、彩图14，供学习参考。

5.4 水粉画画法

5.4.1 水粉画的特性及其工具材料

水粉画技法多样，表现力强。所使用的工具材料可简可繁，既适于长期作业，也适于短期写生，是色彩基础训练的重要手段之一。

1) 水粉画的起源与发展

用水粉作画有相当悠久的历史。古埃及的墓室壁画，西方文艺复兴时期的许多壁画，中国敦煌和新疆克孜尔千佛洞的壁画，都是水粉创作的。发展到今天，水粉画的工具材料、表现技法发生了很大的变化，已成为一个独立的画种，运用范围十分广泛。可用于绘制规划、建筑、室内效果图，各类广告宣传画、舞台布景、壁画、年画以及进行各种工艺美术设计等。

2) 水粉画的特性

水粉画色彩艳丽，柔润饱满，由于自身材料和工具的特性，所以既接近水彩画，又接近油画。干画时可像油画一样厚重，层次丰富，写实地再现对象；湿画时又似水彩，透明轻快，水色淋漓。

水粉画亦有自身的弱点：绘画过程中色彩的干湿变化大，容易泛色；画得过厚，画面干后易龟裂；以及不宜长期保存等。

3) 工具和材料

(1) 画纸

画纸通常为白色，除市场有售的水粉纸外，水彩纸、卡纸等质地较厚，有一定吸水性的纸张亦可使用。有时为了达到特殊的效果，表面压光的纸、有色纸、高丽纸、宣纸等也可使用。表面压光的纸，吸水性能较差，难掌握，却容易运用冲、揩、刮等技法。除此之外，还可画在各种质地的材料上，如布、平板等。在布上作画，预先得作一定的处理，如上矾、打底等。

(2) 笔

由于水粉丰富的表现手法，因此画笔的选择也较随意，除了专用的水粉笔，还可以根据画面效果的不同选用油画笔、水彩笔、毛刷、排笔、国画笔等。在某些时候也可以使用喷笔、刮刀、滚筒、海绵、纱团，甚至用手指作画。为调整水分还可以用喷雾器等。

(3) 颜料

水粉画颜料，又称广告色或宣传色。有粉质盒装、糊状瓶装和锡管装三种。它主要由着色剂、填充剂、粘结剂、润湿剂、防腐剂五种成分组成。目前市场上的水粉颜料有30余种，作画时选择其中的淡绿(或粉绿)、深绿(或翠绿)、钴蓝(或湖蓝)、普蓝(或群青)、白、黑、熟褐、赭石(或土红)、曙红(或深红)、大红(或朱红)、土黄、柠檬黄(或淡黄)等十几种即可满足要求。

4) 水粉颜料的特性

(1) 透明性的差异

有些水粉颜料是不透明的，如白、淡绿、土黄等，这些颜色的覆盖力较强。另一些则比较透明，如玫瑰红、群青、柠檬黄等，相应地，它们有较强的覆盖力。

(2) 着色性

玫瑰红、紫罗蓝、深红、普蓝等这些颜色着色力性别强，易扩散，画到画面上不易调整，而且在作画过程中可能会"泛"上来，因此须认真研究，总结经验。

(3) 沉淀性和结团性

有些水粉颜料水溶到足够稀薄后，会发生沉淀现象。有些颜料完全不沉淀，在用它涂成的底色上，再涂上别的颜料，则会出现结团现象，形成大小不等的颗粒。利用这些现象，可以表现砂碛、粗糙的墙面、云与雨等特殊质感效果的对象。

(4) 易变色、易干性

水粉颜色湿时鲜艳，干后易变灰，时间久了易褪色。颜色混合后，由于化学反应易变灰、黑。水粉色是用水调的，水分易蒸发，容易干，所以作画时画面应保持湿润，才有利于笔触间的衔接。

5.4.2 水粉画的基本技法

1) 干画法与湿画法

干画法：这种画法笔上含水量少，覆盖力较强，上色时应在上一次颜色稍干后再加。画面效果厚实，块面清晰，但堆积过厚，干后容易出现龟裂现象。

湿画法：类似水彩画的画法。着色时要求画面保持湿润，颜色中含较多的水分。利用水和色的自然渗化作用，达到柔和含蓄、洒脱自然的色彩效果。

干画法与湿画法只是相对而言，在作画过程中，这两种方法常结合起来使用。铺大色调、背景、暗部，常用湿画法；局部刻划、前景、亮部常用干画法。干、湿画法结合能加强画面远近、虚实对比关系，丰富画面的效果(彩图15、彩图16)。

2) 笔法

作画时运笔的方向、下笔的力度不同会产生不同的笔触。运用笔触时，除作画者的情绪外，应从物体的结构和表现对象的需要出发，避免单调的笔触。运用摆刷、扫擦、点、勾划、洗等不同手法，表现出对象不同的特质。笔触与笔触干接时，色差不宜太大，落笔应肯定，不宜反复涂改。湿接时应趁前笔未干，利用渗化作用使笔触之间自然衔接。

3) 颜色干湿变化的掌握

水粉颜色湿时深且鲜艳，干后变得淡而灰。一方面与加水和颜料本身的成份有关，另外以下情况也会造成变色。画纸吸水性强，干后变化大，反之变化小。单色变化小，混合后颜色干湿变化大。因此作画时应先了解纸的吸水性能，颜色相互覆盖宜水分少。调色时，明度可适当加深。局部修改的地方，等周围颜色干后用干色画，或将修改的部位打湿再改。这样可使画面色彩准确，能够达到预期的目的。

4) 合理地运用白粉及调色

水粉画色彩明度的变化是通过加入白粉来解决的，另外白粉还可以改变颜色的冷暖、纯度、增加色阶、丰富画面的层次。白粉的使用应合理恰当，暗部、纯度高的部位应尽量少用，否则会产生"粉"的缺点。

调色：

能够调准颜色是画好水粉画的基础。要调准颜色首先应看准颜色，做到心中有数。大面积的颜色要多调一些备用。调色时，颜色不宜调得过分均匀。调某一色时尽量避免用多种颜色相调，否则颜色易变脏。另外应多作一些调色练习，以一种颜色为基准，逐渐加白或加黑，或与其他每种颜色相调，观察颜色的明度、纯度或色相的变化，通过练习，总结经验，丰富自己对色彩的认识。

5.4.3 静物写生

静物写生光源相对稳定，对象静止，可以从不同的角度深入地观察、分析，描绘对象的形体、质感、色彩关系，因此常作为初学色彩者的入门课。

1) 静物的布置

整组静物应有一个明确的主题，内容及形式要合理，相互关联。构图符合形式美原则，空间布置有疏有密，物体的形状、大小、质地有变化，安排有主有次，色调统一中有一定的对比变化。

2) 静物写生的方法步骤

(1) 构图及起稿

一幅成功的作品，首先应有完美的构图。起稿前应从各个方向观察，选择最佳的构图角度。画面是横构图还是竖构图应视静物的布局而定。主体物一般安排在稍偏画面的一侧，画面的上下、左右应留有足够的空白，不宜太满亦不宜太空。另外，画面中大面积色块的安排亦是构图应考虑的问题。

初学者宜用铅笔起稿，熟练后可直接用颜色(常用普蓝、熟褐)。物体的形体结构、比例关系、透视关系起稿时应画准确。用颜色起稿时，同时把对象大的明暗画出。

(2) 铺大色调

把握住第一感觉，控制住画面色调，用大笔采用薄画法，将物体的色相、大的明暗、虚实、冷暖关系表现出来。着色顺序一般从暗部逐步向亮部推移，或从中间色画起，然后再画最暗部和亮部，见彩图16(a)。

(3) 深入刻画

这一过程中，应始终注意整体观察。从主体物开始逐步深入刻画，将对象的形体结构、色彩、质感、虚实变化，准确地表现出来。

衬景处理得当，能较好地表现出整组静物的空间关系和大的色调。暗部的色彩要透明，注意环境色的影响；亮部的色彩要肯定明确，考虑光源及与周围色的对比关系，见彩图16(b)。

质感的表现是深入刻画阶段重要内容之一。由于物体有细腻、光滑、柔软、粗糙、透明等质感，所以有不同的光色表现。柔软、粗糙的物体反光弱，固有色感强。光滑的物体，受周围环境色影响大，固有色不明显，反光强。透明的物体轮廓不明显，其后面的颜色能透过。高光最能体现物体的质感，应仔细观察不同物体的高光特点。表现物体的质感时，用色和用笔应根据物体的质感不同而有所变化。

(4) 整理调整

整体观察一下画面，空间、色彩关系、物体的主次、质感是否已准确地表达出来，舍弃影响整体效果的琐碎小节，补充不足之处，完善整个画面的效果，见彩图16(c)。

5.4.4 风景写生

风景写生面对的是空间深远，景物繁杂，光色变化多端的自然世界，因此对初学者来说有较大的难度，应注意以下要点：

选景时应大胆取舍，主体突出，有意境。画面一般不应少于远、中、近三个层次，要在短时间内抓住景物大的色彩关系。

1) 步骤

(1) 勾轮廓

选好构图后，用铅笔或水粉色将天空、山川、河流、树木、建筑等所绘对象在画面上定下位置，勾画出来。定好视平线和大体透视关系，同时把景物的大体明暗关系画出来，见彩图 17(*a*)。

(2) 铺大色调

用较薄的颜色按照从远景到近景，从大面积色彩到小面积色彩，从暗部到明部的步骤，铺出画面大的色调和、虚实、冷暖关系。由于室外光源复杂及空气层、光照强度不断变化等因素，因此着色前，应认真观察分析，做到心中有数，争取在尽量短的时间内表现出大的感觉，见彩图 17(*b*)。

(3) 深入刻画

整体观察一下画面的远、中、近景是否拉开，画面大的色调是否已控制住，然后把握整体观察、相互比较、局部刻画的原则，深入刻画，见彩图 17(*c*)。

(4) 调整完成

将画面进一步概括提炼，舍弃画面中影响主次、虚实、色调关系的局部小节，调整加工中景等处的不足之处，使画面逐步趋于完美。

2) 常见景物的表现

天空：认真观察我们就会发现，随着季节的转换，气候的变化，早晚的不同，天空会呈现或冷、或暖、或纯净、或灰暗等不同的色彩倾向，并不是单一的蓝色，因此写生时应把握住实际的色彩变化。天空的明度和纯度还会随视觉角度的变化而渐变。画时应用薄色，趁湿，上浓下淡快速地画出天空的色。天空的颜色可视画面的效果适当地加深或减弱。

云：画云应注意由于高低、远近不同所产生的透视变化。云是有体感的，应画出大体的明暗变化。云的亮部轮廓相对较清晰，暗部较虚。云作衬景时不宜画得太细，可以在画面上预留，亦可后加。

建筑：写生建筑时，应选择最能体现建筑特点的角度。构图上应大小位置得当，透视合理，结构准确，舍弃小的细节。暗部受天光和地面颜色影响较大。对于石质、砖质、木质等不同材料的建筑，注意塑造笔法的变化。

远山：由于大气层的作用，远山的色调变得单纯、发灰、体感减弱。画时只需抓住轮廓线和大的转折面。多层次远山，注意其微妙的色彩变化。

树木：树形千变万化，树色也因四季的变化而有所不同。画树时，先画树干，然后添枝加叶。树枝是向四周长的，注意其穿插关系，画叶应疏密有致，分块面来表现其体感。树冠的颜色由于季节的变化，光线不同，周围环境色的影响，会有微妙的变化，不同品种的树木，应运用不同的笔触表现其特征。远景树丛，把握住大形、大的明暗色彩关系，概括处理。

水：自然景色中的水除固有色外，受天光及环境色的影响较大。近处一般暖，远处偏冷。风景写生中的水有静态和动态两种。静态的水，近处是水的固有色，远处是天光色，水中的倒影清晰，表现时的用笔应平稳。有波动的水面，波纹亮部反映天光色，暗部是水色，物体倒影变得零碎，表现时颜色干湿应适中，顺着波纹方向运笔，并注意波纹的透视变化。流动的水，波浪起伏大，有时还会产生白色的浪花，倒影捉摸不定。宜用湿画法，运用活泼流畅的笔法表现。

复习思考题

1. 什么叫构成？
2. 说明三原色，间色、复色、补色。
3. 什么叫色相、明度、纯度，明度和纯度的区别是什么？
4. 说明色性的两个因素和色性的分类。
5. 说明色彩对比和调和的涵义？
6. 说明水色有哪些常用画法？
7. 说明水粉画的几种画法？
8. 用水粉作一张风景写生画。

第6章 中国山水、花鸟画

6.1 中国画简介

中国山水、花鸟画,在隋唐以前的魏、晋、南北朝时已形成萌芽,但尚未构成独立的画种,只作为人物画的背景。

到唐代,山水、花鸟画开始繁荣起来,出现李思训父子的"青绿山水"和吴道子的"水墨山水"两种不同的风格与画派。继之以后,山水和花鸟画画家很多,达到兴盛状态。

山水画和花鸟画在五代、两宋出现了极大的发展,各画派、流派与画风层出不穷,出现了不少著名画家。当时有代表性的山水画画家有:关仝、董源、巨然、李成、范宽、郭熙、米芾等,有代表性的花鸟画画家有:黄筌、徐熙等。当时称黄家画富贵,徐家画野逸,他们的作品和著作,对后世影响很大。

北宋的山水画家,喜欢画大山、大水的全貌,到了南宋,则重于描绘山川的奇秀,有时只画出山川之一角。南宋水墨苍劲一派的山水画,李唐为其开端,刘松年的画风较多样,最有代表性的画家,当推马远、夏圭。"李、刘、马、夏",并称"南宋四家"。他们的山水画对后世和日本绘画影响很大。花鸟画在南北宋时,"文人画"开始兴起,以诗余墨戏之遣兴态度来作画,其特点是反对格法,注重写意,形成独树一帜的特点。

宋代的"青绿山水",虽继承李思训的传统,但又吸收了水墨山水画的优秀技法,在艺术上开拓了新的境界,现在存有王希孟的"千里江山图"是宋代"青绿山水"的代表。其后,南宋赵伯驹、赵伯辅兄弟继承了青绿巧整一路风格。形成了南宋"青绿山水"的复兴局面。赵伯驹画有"江山秋色图",堪称"千里江山图"的姐妹卷。宋代花鸟画主要是以黄筌、徐熙二派为主体发展而成,当时花鸟画以工整细润的画院风格占统治地位。这其间也出现了写意花鸟画的画法,如陈常的飞白法。

元代,山水、花鸟画的发展极为兴盛,许多有成就的画家,都表现在山水和花鸟画的创作上,特别是山水画中的水墨山水画发展得更为迅速。花鸟画写意之风广泛开展起来,工笔和写意交织竞争发展,形成了百花齐放、千峰竞秀的局面。此时的山水画家最有影响的有:黄公望、王蒙、倪瓒、吴镇等"元季四家"。其中黄公望的影响在四家之中对后世影响最大。

明、清两代,山水花鸟画十分发达,画家之多,历代前所未有,然流派之多,门户之见也很重。

明代前期山水画较有影响的是"浙派"画家戴进、吴伟,其画风属水墨苍劲一路。中期"吴门"派崛起,沈周、文征明、唐寅、仇英称为"吴门四家"。后期则以"豪华派"的董其昌影响最大。此时的花鸟画已形成两大派系,一是以写生为主,画幅有真实、生动、活泼之趣;另一派是夸张变形,强调神似,主张"似与不似"之间为珍品,笔墨放纵,尽意挥写,形成豪放奇肆、苍劲高古风格。

清代画家号称"四王"的王时敏,王鉴、王翚、王原祁,很受皇帝的赏识,被誉为山水、花鸟画的正统。

清代革新派代表画家有:弘仁、髡残、八大山人、石涛,他们都曾出家当过和尚,故称之为清代"四大画僧"。花鸟画此时的革新特点是把诗书画形成一体,创造了格局新颖、画面结构独特的形式,有很高的意境。

在近代,山水画家和花鸟画家层出不穷,他们在继承中国传统山水、花鸟画技法的同时,在形式和内容以及表现技法上都有新的突破,不仅内容能反映时代特点,而且在技法表现上百花齐放,工、写、诗、词尽融一体,每一位画家的作品都有自己的风格特点,如赵之谦、任熊、任伯年、黄宾虹、齐白石、徐悲鸿、潘天寿、李苦禅、李可染等都为中国山水、花鸟画的发展做出了特殊的贡献。

6.2 中国画工具和材料

中国画所使用的工具和材料主要有笔、墨(包括颜料)、纸(包括绢)、砚和笔洗、调色盘及毛毡等。

6.2.1 笔

中国画笔，种类很多。在形式上，有大、小、长、短、扁、圆的差别外，还有笔毛软硬的不同要求，分别为软毫、硬毫及兼毫三类。硬毫，挺拔，富有弹性，多用于勾线。软毫，柔软，吸水饱满，一般用来泼泻、渲染、着色等。兼毫，软硬适中，能勾能染。

6.2.2 墨

分为油烟和松烟两大类。油烟，是以桐油取烟和胶而制成，一般胶较重些。松烟，指以松取烟和胶而制成的，一般胶较轻。油烟，黑而有光泽。松烟，黑而无光。一般作画，多用油烟。现在方便的是，可用墨汁予以替代。

6.2.3 纸

主要指宣纸。宣纸按其配料划分，有净皮、棉料、黄料。按尺寸来分，有四尺、五尺、六尺，其最大的有丈六宣。按加工方法可分为虎皮宣、珊瑚宣、冷金宣、雨雪宣、冰雪宣、蝉衣宣、玉版宣、云母宣、百鹿宣等。按重点划分为，扎花、半料、棉连、单宣、夹宣及二层贡宣、三层贡宣等。

一般用纸，以渗水来区分生宣、熟宣。工笔画，一般用熟宣或用绢来作画。写意，用生宣，也可以用皮纸或高丽纸。初学者，可选用价钱便宜的毛边纸、元书纸来练习。

6.2.4 砚

一般以不吸水、易下墨的砚台为佳。为方便起见，要求墨池有一定的深度，并加有盖，以保持清洁。砚的大小以五寸到八寸为宜。

在古时，以瓦为砚，后来以石为之。优质的石砚，以质地细腻，发墨快为佳。端砚，为砚中之王，产于广东省德庆县端溪。歙砚，次之。还有雕刻精致花纹秀美的石砚。初学者，无需追求名砚和装饰的华丽，只要适用即可。

6.2.5 颜料

中国画所用颜料，总的分为两大类。一类，为透明色；另一类，为不透明色。

透明色有：花青、藤黄、赭石、朱磦、胭脂、洋红等。

不透明色有：朱砂、石青、石绿、石黄、白粉(锌白、铝白、蛤粉)等。

国画色有：粉状、片状、粒状，用时加胶合用。现有锡管，使用方便，但其质量不及前者。

笔洗、调色盘、毛毡和画板，都是作中国画时必备物品。

6.3 中国山水画画法

6.3.1 树、山、石、水的几种画法：

1) 树的画法

树，在山水画和园林美术中占有重要位置。明末清初的山水画家龚半千说："画树之功，居诸事之半。看画先看树"。可见，画树之重要。

画树并不容易。"画树如人，稍不合理，如不全之人也"。一棵树，并非面面均可入画，必须按一定审美标准和画面的立意与布局情况，认真选择，妥为处理。

"树分四枝"。所谓"四枝"者，指画树枝要有前后左右，同时也要有立体感、虚实感、生动感，并能区分出阴阳向背，正侧争让，屈伸举垂等等。

(1) 画枝干

开始，先选择枯树或针叶稀疏的树，作写生对象和作画树的起手练习。

画树干的用笔，一般是先以侧锋，由上至下，或由左至右画老干，然后再画侧枝、小枝。通常用浓墨画近处和暗部，再用淡墨画远处和亮部。运笔方向，要看所画的对象，是光滑的，还是粗糙的；是挺拔的，还是蟠曲的。初学者最好先从画松树的干、枝、鳞开始(图6-1、图6-2)，然后画柳树。

写生时，要注意观察对象的形态特点。如

松干画法　　　松根画法　　　松枝画法

图 6-1　松树画法(一)

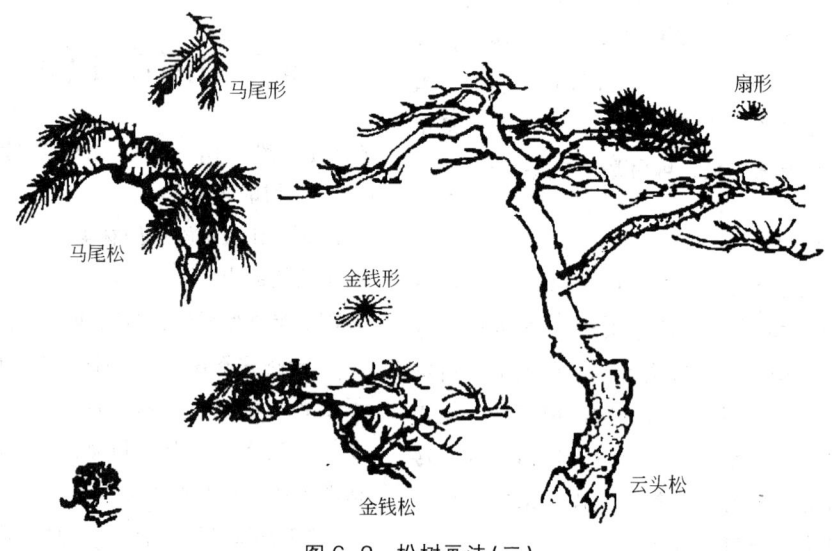

图 6-2　松树画法(二)

洋槐近似于"鹿角"，龙爪槐更像"蟹爪"。

(2) 画树叶

画树叶，有点叶、勾叶两种画法。

点叶法，也叫单叶法。树种特征较明显的，以树种或形状命名。特征不明显的树，称为杂树。依用笔的特点，分为若干点法。点叶法，有圆点类：如胡椒点、柏叶点等；平点类：大混点、小混点、平头点；下垂点类：如介字点、个字点、竹叶点、梧桐点等；上仰点类：如鼠足点、松叶点、仰头点等；其他，如梅花点、椿树点等。现在还有人采用硬笔点等方法(图6-3)。

勾叶法，也叫夹叶法。一般用重墨中锋，墨色无大变化。干后铺底色，再填石色。夹叶法，也分若干类型：圆形、三角形、个字形、介字形、菊花形、半菊花形等，多用于近景与点叶法相衬托，而不宜用于远景之中(图6-4)。还有少量点、勾结合的方法：如介字点间双勾、椿叶点间双勾等。不管使用哪种画法，都要注意主次、远近、疏密、穿插。

用笔要灵活、有力(图6-5~图6-7)。

2) 山石的画法

画山石，是山水画教学的一个重要内容。一般传统画法的顺序是：勾、皴、擦、染、点。现在多反复交替运用。这种顺序和变化，不全是古今艺术趣味变迁的结果，而是艺术认识深化的表现。现在皴擦之法迅速发展，它不仅可

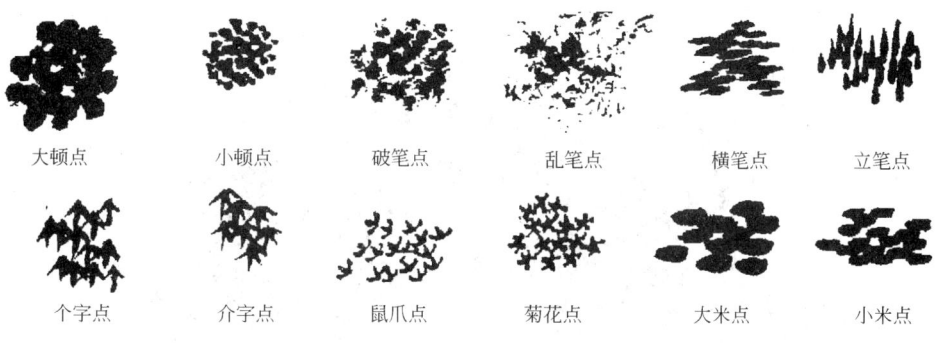

图6-3 各种点法

图6-4 双勾树叶法

图6-5 杂树画法(赵松涛)

图6-6 松树画法(赵松涛)

图 6-7 柳树画法(赵松涛)

用于画出石,而且也可用于画树木。

(1) 画石

画石,是画山的基础。在园林艺术中,石是山的缩影。用勾、皴、擦、染、点和所有其他技法画石,是山石技法训练的基本内容。古人说:"石为山之骨"。石画好了,画山就容易了。

石的通常用笔画法,可概括为:

① 从上到下,从左到右,中锋勾廓,侧锋皴擦,先画总体,后画局部。

② 画石要求:"石分三面","疏密得体"。通过用轻重转折的曲线变化和长短、曲直、横竖、浓淡的皴法变化,来表现凹凸阴阳的立体感和抒发作者内心的意趣美感(图 6-8~图 6-10)。

石分三面　　小间大　　大间小

图 6-8 石聚散法

北宗小斧砍皴

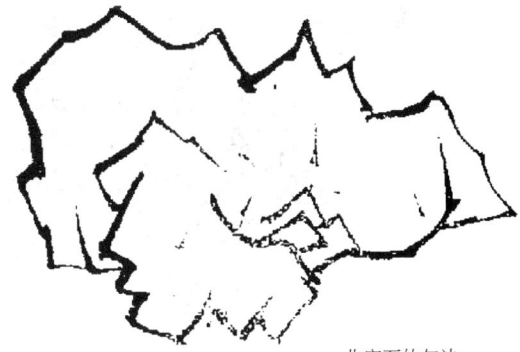

北宗石的勾法

图 6-9 画石

北宗的山石勾法和皴法二

图 6-10 斧劈皴法

清郑绩曾说:"分三面者,正一面,左右二面也。然此言其概耳。必将皴法交搭多面以成峻峭,凹中凸,凸中凹,推三面之法而作十面八面亦无不可。且左右圆转运化,向背阴阳,不露笔墨痕迹,如出天然,无寻落笔处,方得石之体貌也。……若轮廓自轮廓,皴自皴,一味呆叠呆擦,便是匠手"。

太湖石,形态多姿,是很重要的园林美术形象,也是国画经常表现的传统题材。初学者需多临摹和实地写生,分析其结构,揣摩其勾皴技法,体味其秀丽生动、玲珑剔透的神态,并学会将其融入于作品的诗情笔意和品格韵致之中。

(2) 画山

山川之貌,各有其表。山川之势,气象万千。画山,先从临摹入手,以熟悉章法、笔墨,再转入写生。不管临摹,还是写生,画山的用笔顺序都是先总体勾轮廓,后进行皴擦、染、点(图6-11、图6-12)。对山的特有结构特征和神态,要做细致研究。"搜尽奇峰打草稿",才会有生动的效果。

图6-11 山的皴法画法

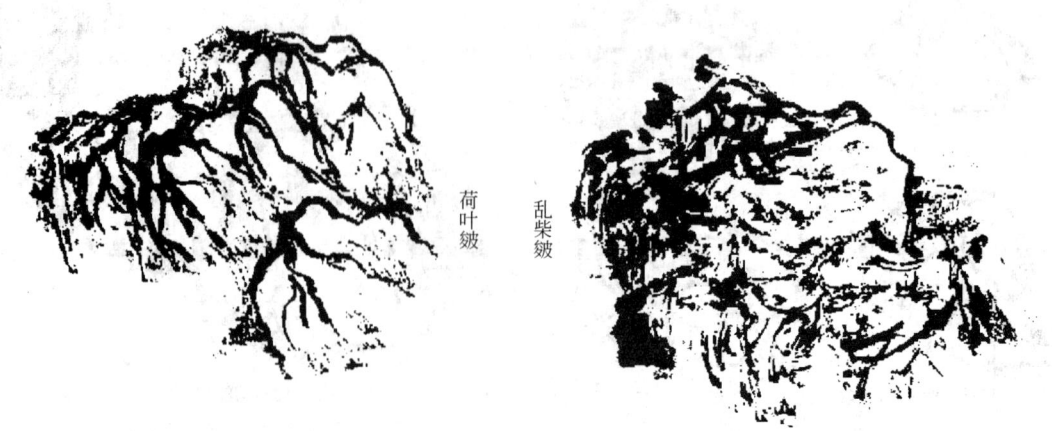

荷叶皴　　乱柴皴

图6-12 皴画法

初学山水画时，易常犯浅、满、板的毛病。画山，一定要做到：开局，雄奇不凡，或起而不平；中局，势如破竹，一泻千里，或起伏跌宕，千回百转；结局，要意气高扬，戛然而止，或接气悠扬，余韵无穷。初学者，往往不知道"虚实相生"与"浓处必消以淡，密处必间以疏"的道理，一味追求层峦叠嶂，委曲茂密，而失去生动的气脉。

原封不动地移用画石的皴法和笔墨要求来画山，是一些学生容易常犯的毛病。其根源在于，忽视山与石气势上的根本区别。如，画山林野景，其主景的树和岩石必须劲挺。在清秀间求取大气磅礴，与花鸟画中的配石求其笔墨之趣味的画法应有区别。画山，不同于画石。画山，多以长皴为主。同时，注意长短结合。景愈远，皴愈概括。所谓"远山无皴，远树无枝"，即为此理。园林艺术中的山石，是自然缩景。园林绘画，又是园林艺术的二度创作，既不能像自然山水，又不能照抄山水，而应以园林趣味，画出自己的独特理解和情怀。在皴法和笔墨上，要有新意。值得注意的是，不少园林里的山，多是叠石成山，堆土成山，与单块的石、自然界中的土石山和天然"石林"不尽相同。

在不同季节，着力描绘山川景色、时辰和不同气象条件下所呈现出的特有意境，是历代山水画家致力研究的课题，积累了丰富的经验。如雨景，多用米点；雪景、山石皴法宜简不宜繁，随山形石势渍染成雪，加粉点苔等方法，多可借鉴。近代画家又有新招，如湿纸法、揉纸法、淡墨色晕染法等，都是对传统技法的发展。

3) 水的画法

水，乃画中灵气之所系。在山水画里，水通常分平流、泉瀑两大类。平流，又有动静、缓急的区别。

(1) 平流的画法

平流，指江河湖海。传统画法，以线为主，偶有线墨兼用者。线条曲直变化，有波状纹、鱼鳞纹、网状纹等。每一种都有很强的抒情性和表现力。江心和云雾处，可留白。江海波涛，

用相应的线条勾出水势转折和翻腾之状。现代画家对动静的描绘更为细致：动水，多用传统画法；动势不显的静水，则多留白，以或模糊或清晰的景物倒影映托，其间用墨，点出横波(图6-13、图6-14)。

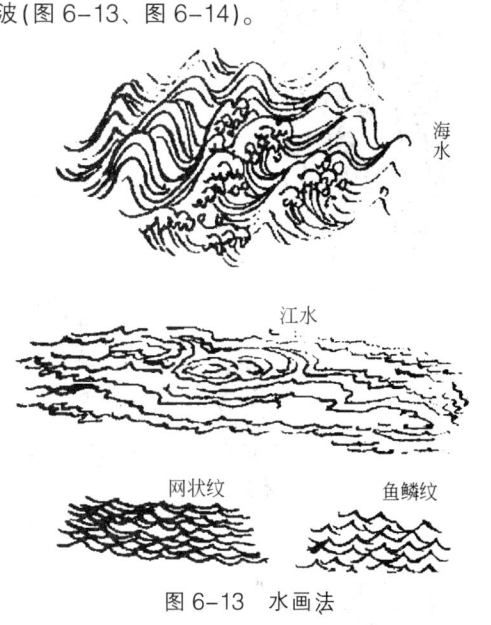

图6-13 水画法

图6-14 江水画法

(2) 泉瀑的画法

郑绩说："泉为石之血，无血则枯不得生。"对泉瀑生成，他又解释说："飞瀑千寻必生于峭壁万丈。如土山夹涧，虽决五百丈高悬之理"。

泉瀑多与石崖相关，画泉瀑与画山石有密切联系。传统画法，是两旁以浓重的山石衬出。左旋右转，或短或长，连续参差，上下照应，用线勾出泉瀑(图6-15)。现代画泉瀑，仍多采用此，只不过不用勾，全靠用石块衬托。流水

较宽处，则在中间皴一两笔，表示露出的石块所阻碍的激流(图6-15)。

6.3.2 山水画的几种传统画法

山水画的种类有：大青绿、小青绿、赭墨和浅绛及水墨几种。

按用笔用墨方法来分，有干墨、湿墨、积墨和泼墨几种画法。

1) 干墨画法

也叫干笔画法。笔头含水量不要太大，蘸墨也不宜太多。在勾皴时，多用浓墨干笔。在用笔时，要根据山的结构、明暗，灵活运用正、侧、顺、逆、拖等笔法，行笔稍快些。笔道要讲究一点苍老的韵味(图6-16)。

干墨山水画中的皴法，用线皴和点皴都可以。一般多用线皴，用笔疏密有致，切忌平、花。勾皴落墨后，辅以染法。

干墨山水，多用"皴染"，即以皴代染，以擦代染，用少量的淡墨皴擦山石的明暗结构，以增加山石厚重和苍润的感觉。

2) 湿墨画法

湿墨画法，是以湿墨润墨为主调(图6-17)。其笔墨技法，一定要丰富多样，灵活生动。笔触要有肥、瘦、圆、扁、光、毛、刚、柔、浓重、飘逸、沉着、奔放等变化，充分发挥笔墨的性能作

图6-15 泉水画法

图6-16 干墨画法(赵松涛)

用，来表现山石、树林、山水的结构和明暗层次。在讲究用笔的同时，要求墨有浓、淡、干、湿变化。湿笔山水画很重要的一点，就在于掌握墨与水的关系。水分过大，渗化得太快，笔留不住；水分过少，又缺乏润泽。根据浓、淡、干、湿的需要，能恰当地控制笔上的水分，这是关键所在，是需要经过反复实践才能掌握的。

湿墨的染法，可干后染，也可连皴代染。总之，可根据内容效果而定。

3) 积墨和泼墨的画法

积墨画法是指用不同的墨色，一遍遍加上去的用墨方法。墨色层次丰富，浑厚华滋(图6-18)。

古时的泼墨画法，就是将墨汁泼在纸上，因势生发来表现景物。现在，我们所谓泼墨，则是指墨酣笔畅、阔笔大写的一种表现方法。用水墨淋漓的笔墨，以大刀阔斧的气势，一气呵成，泼写为主，略加整理后，即成一幅山水画(图6-19)。

图6-17　湿墨画法(赵松涛)

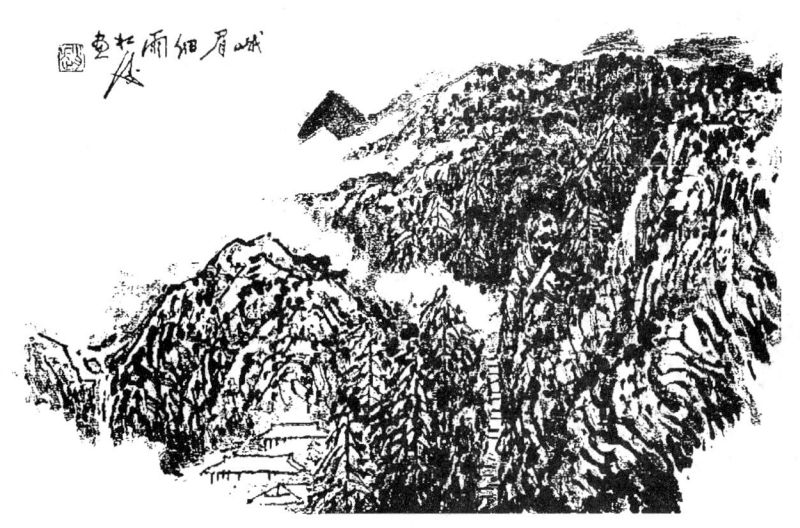

图6-18　积墨画法(赵松涛)

图 6-19 泼墨画法(赵松涛)

图 6-20 云漫天都(赵树松)

图 6-21 江南春色(王中年)

6.3.3 山水画的创作

上述绘画方法是中华民族几千年流传下来的绘画方法。这些方法是学习中国山水画的基础,只有懂得传统画法,才能有更好的深入发展。现在我们画山水画不必墨守成规,一意追求传统技法。山水画的创作要根据自己的创作需要,表现对象,根据自己的内心情感进行构思、落墨、收拾、完成。创作的山水画可简可繁,可多可少,可泼可写,形式不限,只要形式内容美能给人们带来美感,反映时代,反映生活即可。要面对祖国大好山河,面对现时代的生机勃勃景象,画出具有新思想的作品,不管画什么内容的山水都要有新思想、有特性(图6-20~图6-23及彩图18、彩图20、彩图21、彩图22、彩图24、彩图26、彩图29、彩图30、彩图31)。

图 6-22 版纳傣寨(王中年)

图 6-23 树木画法·取势·清凉顶下一棵松

6.4 中国花鸟画画法

6.4.1 花鸟画的种类

花鸟画在表现技法上可分为两大类：

1) 工笔

它又分有：白描、双勾设色两种。

白描，即用墨线双勾来表现对象的形状和结构，不用色。当然，用意笔也可画白描。

双勾设色，即白描后，再用色渲染。渲染又有先铺后染、先染后铺、接染等几种方法(图6-24, 彩图12)。

2) 写意

它又分为：小写意、大写意。

小写意，即对象之形状与结构仍需交代清楚(图6-25)。

图6-24 工兼写花鸟(阮克敏)

图6-25 写意花鸟(赵春林)

大写意，用笔较粗放概括。

3）勾点画法

它也有两种：一是花用双勾渲染，叶则用写意；二是叶用勾染，花则用点。

6.4.2 工笔花、鸟画画法

1) 工笔画花的画法

(1) 白描

纯线描，主要靠笔致与线条造型。"线"，是中国画中最基本、也最重要的技法之一。

白描，即是对花瓣、枝、叶的形状与质感，都必须利用墨线之流畅、挺拔、古拙、苍劲，以及粗、细、干、湿之变化和顿、挫、疾、徐之技法而表现出来。一般来说，在勾线时，花瓣要用淡墨，叶要用深墨，木本枝干则可用淡墨、深墨相结合的方法。

白描也有两类，其一，纯用线，不加任何渲染；其二，勾线后，略施水墨渲染，故也可叫白描墨染。

白描最初只是作画的稿本，但因其内容、形式的完整性，具有独立的审美价值，便成了工笔中一大独立形式。

白描的用纸，是熟宣、熟绢，用笔、用墨、用色均不渗化。

(2) 双勾设色

即工笔画。具体地说，又分重彩与淡彩。

重彩，是工笔花鸟画的重要表现形式。其手法细致工整，色彩丰富，一丝不苟。它是在双勾白描的基础上，加色一次次渲染而成，俗称"三矾九染"。渲染时，要用两支毛笔，一支设色，一支用清水渲染。设色宜淡，清水之笔含水量要适当。渲染后，如原勾之墨线已模糊，可再重勾一遍，此叫"勒"。设色与渲染时，要注意不要压在墨线上。花蕊待花朵渲染好后，再丝须点粉。叶筋，待叶渲染好后再勾。木本枝干，等渲染好后，再点苔点。其特点是：色重、工重、量重。

淡彩，与重彩之技法基本相同，只是在用色时，一般不用石色等矿物质颜料。渲染手续简便(彩图23)。

(3) 没骨法

此法不用勾轮廓线，而是以二色或多色相接相撞的方法来取得浓淡的过渡。但叶脉、花筋、鸟类的毛羽，仍要勾、要丝的。然必须将线落入色中，忌浮在色上。

此法由宋徐熙、徐崇嗣祖孙一派衍变发展而来。清恽寿平最擅此法，并有创造。

2) 工笔画鸟的画法

鸟类品种极多，据说全球约有一万多种。见于中国花鸟画的有鸣禽、游禽、涉禽、猛禽、攀禽五大类。大凡鸟类，不论山禽、水禽、候鸟、留鸟，外表毛色如何，总体结构一般都是一致的。

传统的画法是，画鸟先画嘴，画嘴先画当中一长笔，再画上腭和下腭各一笔。而上腭一笔为中间一笔的1/2，下腭一笔为中间一笔的3/4。当然，嘴长者例外。再画眼圈，点睛，再画头、颈、背、翅，添尾，再画颔部、胸、腹、腿、添爪。爪的变化较多，有伸，有抓，有展，有拳之多种变化。脚爪之爪尖与鼻毛，要画仔细而有力。翎毛嘴、爪较难画，在画面上最见功夫。嘴有开、合，爪有收、放。又因种类各殊，长短不同，形状亦各异。画鸟传神，在于点睛，最为重要。其法有圆圈内加一点的，加二点的，有单用一点，或二点而无圆圈的。

着色的步骤，一般先由深色分层衬底，上边再罩染相应的颜色。鸟之头、背、翅、尾等，先用墨色渲染。背部的毛是鳞片状。翎、尾一般都是一片一片的渲染，上深下淡，一遍不成可染多遍。最后，再罩色。

画鸟，要求轮廓清晰，特征和结构准确，各部毛羽的安排组成，既要不悖于生理特征，又要适合审美要求。"鸟形不离卵"。鸟类的躯干，大体不离卵形，卵之大端可圈头、嘴，小端可勾尾巴，中间圈翅轮，尾前添足。这是从整体入手，抓大关系的画法(彩图23及图6-24、图6-31、图6-34)。

6.4.3 写意花鸟画画法

1) 写意画花的画法

写意花卉的特点是，花、叶、枝干，均用笔点而成，这已包括了用墨与用色，即要用简练概括之笔，来表现花卉的形象。此类画法，可用水墨来画，也可用色，或色与墨合在一起来画。画时，可借助调色碟子，以观察调出颜色之深浅。笔内可先含淡色，再蘸深色；也可先蘸深色，再蘸清水；也可先含色，再蘸黑；也可先蘸墨，再蘸色。因写意花卉，用纸是生宣或皮纸。此类纸易化，故应掌握笔中之水分与运笔之快慢，以达到干、湿、浓、淡之效果(彩图19及图6-26、图6-27)。

2) 写意画鸟的画法

可仍按工笔画鸟之顺序画法。也可先画身、头，再画嘴。在梳毛的技法上，可用破笔丝毛，可用点带丝毛，也可用点，也可用墨团，甚至泼墨之法(彩图11、彩图25、彩图27及图6-31~图6-33)。

图 6-26 写意鸟(赵春林)

图 6-27 写意花鸟(阮克敏)

图 6-28 写意花鸟(赵春林)

图 6-29 写意花鸟(贾宝珉)

6.4.4 花鸟画的写生

学习花鸟画之方法，必不可少的是临摹与写生这两步。

临摹，是学习中国画的重要手段之一。一般来说，学习花鸟画与学习山水画一样，都是从临摹入手的，即从临摹中去学习前人是如何反映生活，如何经营位置，如何用笔设色，如何处理和表现对象的技法。临摹的要求是要似，要像，直到达到逼真、乱真的地步。临摹的方法，有对临、局部临摹、背临和完全复制等。

写生，是依照具体的物象来描绘。这也是国画学习的重要手段之一。写生主要是为了收集素材，熟悉、观察、分析和表现花或鸟的形象的结构特征，为创作打下基础。写生时，要大胆地夸张取舍，用精简提炼之笔墨，包括色彩，描绘出瞬间之动态。

1）花卉写生

花卉有草本、木本、藤本之分。木本中又分乔木和灌木。草本中又有球根植物。此外，还有各类农作物。

花之季节不同，花型之大小形状亦各异，有单瓣、复瓣之分。花头也有大型、中型、小型之分。花冠有圆形、尖形、蝶形、十字形。花叶有单叶、复叶之分，又有对生、互生、丛生、轮生之不同的组织结构。

画花，应从花心、花瓣入手，先画最完整、最前面的一瓣，再依次将花心、花瓣画完，然后再四外扩展，画成一个花朵的整体，再添上花蕊。每个花瓣，都要看上去是生在花柱上。对花瓣太复杂的要进行概括，不够完整的要画成完整。花形一般都是圆的，但写生时除正面外，都不要画得太圆。花瓣上的高低凹凸处与边缘如锯齿一般，在处理时均不要平均对待，要有变化。

画叶，也如此。先画主要的，再画前面的、最整体的，最后画枝干。画叶时，要注意各种花卉的特点。叶有仰、垂、向背、成叶、嫩叶之分。成叶，要颜色深；嫩叶，要带黄绿或带红色，方显得娇嫩。叶筋，要有主筋、小筋。画叶时，叶筋很重要，可以分出正、反、平、侧。叶柄，有长短不同，要柄柄着枝。

木本枝干的姿态，大致分上挺、下垂、横斜、回折几种。大干还要画出它的皮纹(用皴法)，这样，才能分出不同的枝干。草本茎梗，要画得滋润柔嫩，要绿色中带红色。藤本枝干，要有盘旋攀附之势。蔓本，是攀附在其他棚架上的，要盘旋弯曲(图6-30、图6-31)。

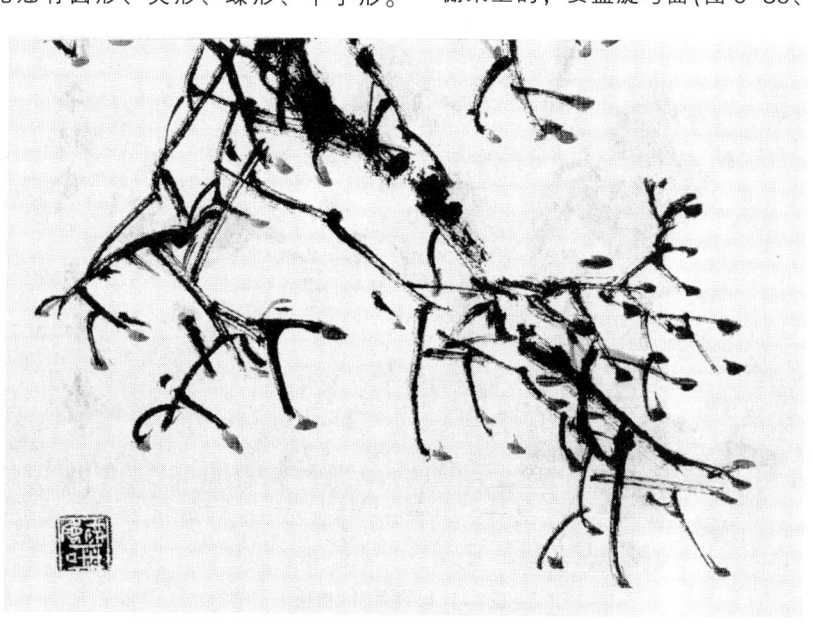

图6-30　花枝画法(周振卿)

图6-31 花鸟画法(周振卿)

图6-32 小鸟的写意(鲁刚)

图 6-33 小鸟动态创作(徐岳方)

图 6-34 工笔画鸟创作(阮克敏)

2）禽鸟写生

鸟是动的，且动作相当灵敏，初学不易捕捉其生动的状态。开始可以由标本写生起，一方面研究它的基本形象，一方面研究它的羽毛结构。在此基础上，去对活动的禽鸟进行写生。在写生练习时，应包括"速写"与"默写"两个部分（图6-35）。

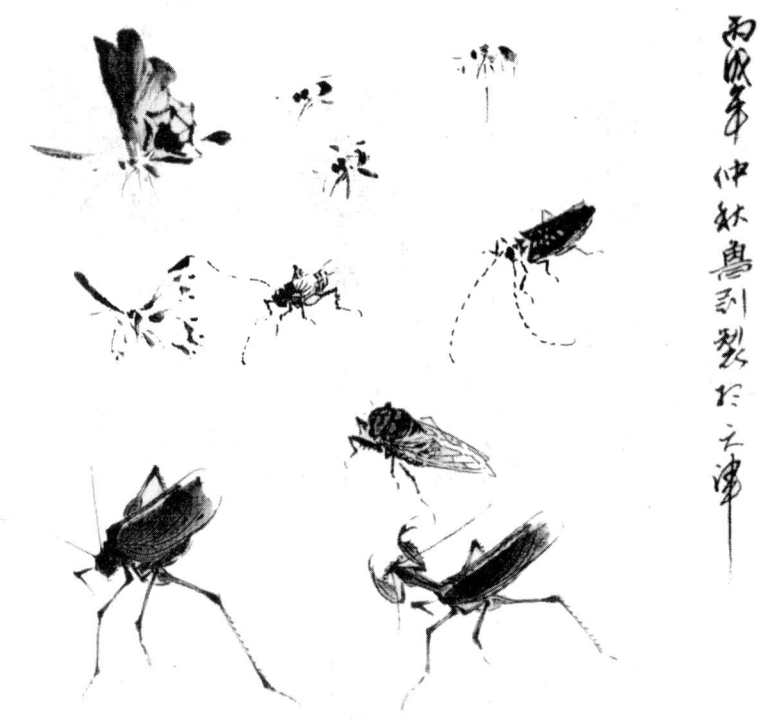

图6-35 草虫创作（鲁刚）

6.4.5 花鸟画的创作

1）立意

也叫构思。说得再通俗一点，即考虑所画之内容。古人云："意在笔先。"即是这个道理。

2）构图

中国画把它叫做"章法"，即"经营位置"。也可以说，就是布局，安排画面。在安排画面时，要考虑主次、虚实、聚散、疏密、参差、轻重、藏露、层次等。同时，要考虑画面的留空，有的上面空天，有的下面空地。在构图之中，要求在不平衡中取得和谐，变化中求得统一，最忌散漫杂乱，迫塞平均与对称等。布局得好坏，全在得气、得势。然气与势，又多不厌满，少不嫌稀，密不通风，疏可走马。往往在气与势偏重一边时，要伸出；在气与势冲出时，要收回；在气与势伸向外面时，要引进；在布局塞满时，要泻开。总之，构图是千变万化的，同学们要善于运用。

在布色时，要注意总体安排，要注意整体色调。当浓则浓，当淡则淡。

3）制作

工笔画，在确定草图后，根据草图，画出正式稿本，并据此完成线描。然后，放在正式制作的熟宣或熟绢下面，作为底稿，进行勾勒。先画成一幅独立完整的白描，在此基础上分别主次，随类赋彩。一般工笔画之创作，不论画之大小，都得有完整的稿本（彩图23及图6-24、图6-34）。

写意画，可根据稿本试画，进行创作；也可根据速写、记忆、默写，直接进行创作。创作时，要注意笔墨的运用和整体的色彩效果(彩图13，彩图32)。

4) 收拾

不论工笔或写意，在创作完成后，都要把画挂在墙上，看看整体效果如何？哪些地方要加强些，哪些地方要减弱点，哪些地方要加几笔，哪些地方要减几笔？这个收拾与整理工作，在最后进行，也是创作中很要紧的不可缺少的一环(图6-25~图6-29)。

此外，在创作一幅花鸟画时，花与花的关系，花与鸟的关系，都要处理得当。花与花要有呼应，花与鸟、鸟与鸟也要有呼应，大小要适当，花的中间画鸟，必在空枝。两鸟或几种鸟同在一幅画面时，要有呼应，不能聚于一起。

6.4.6　花鸟画在园林中的应用

属于园林美的内容，有植物、动物、山水、建筑。其中植物是构成园林美的主要"角色"。园林美以发挥植物美为主的做法，正是当前全世界的趋势。植物的品类繁多，有木本、草本。木本中，又有观花、观叶、观果、观枝干的各种乔木和灌木。草本中，有大量的花卉和草坪植物。

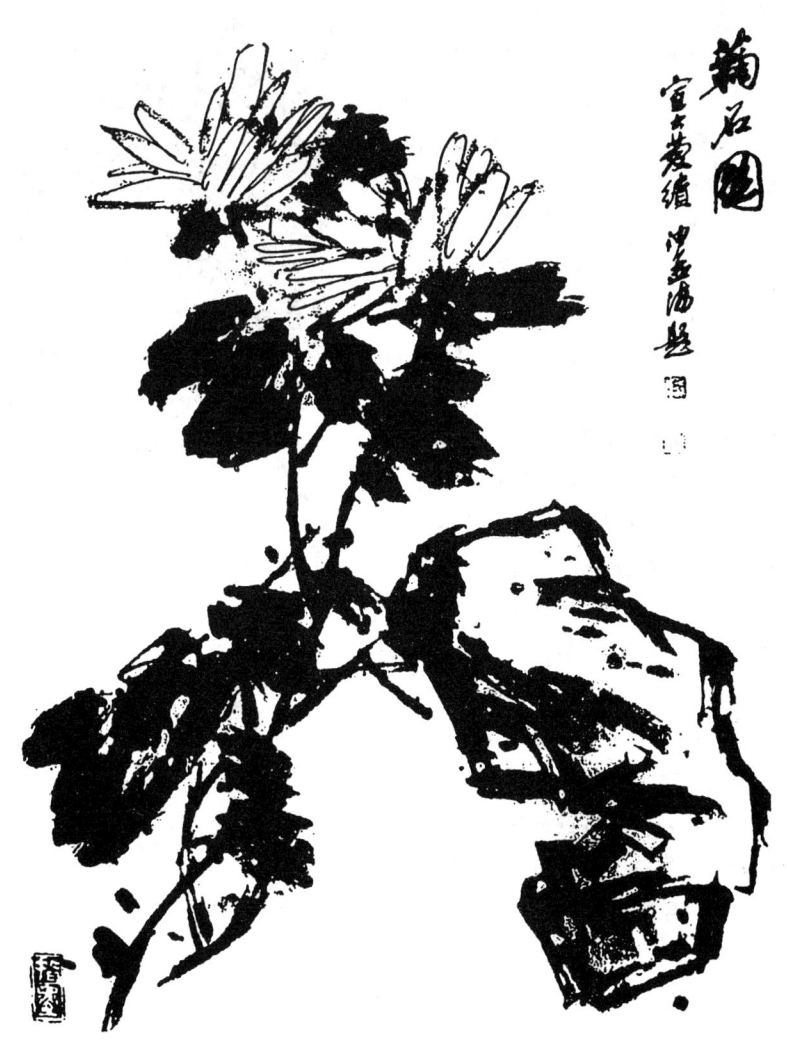

图6-36　菊/指头画(宣大庆)

中国传统的园林植物配植手法，也有两个特点：一是种类不多，内容是传统喜爱的植物；二是古朴淡雅，近于画意而色彩偏重宁静。再者，动物中有各种禽兽、虫鱼，穿插在安静的大自然中，增添了生气。这些植物、动物，正是中国花鸟画的主要内容。所以，我们学习了中国花鸟画，对于园林美的来源、塑造、表现，多有好处。

此外，中国花鸟画中主对客，大对小，墨团对线条，聚对散，满对缺，荒率对谨严，前对后，高对低，相向对相背，简对繁，方对圆，纵横以欹斜，偃对仰，虚对实，整齐对参差，疏对密，轻对重，险奇对平正，敛对张，争对让，露出对遮挡；以及一长一短、一大一小、一多一少、一纵一横之原理和主次、对比、轻重、纵横、取势、虚实、层次、留空、边角、疏密、聚散、粗细、交叉、参差、呼应、开合、取舍、收头、收脚、题款、印章、主线、辅线与破线的运用等，无不有利于园林中艺术美的应用。此外，对花鸟画构图时易犯的线条平行，主点与主体过分居中，明显的几何形，对称，等大，长短、距离、节奏、份量相同、相等，四边出纸，三线交于一点，边缘无空隙，过于偏向一侧，没有气势等毛病的认识和了解，对花木的修剪、剪枝，对树桩盆景的造型，对插花，对园林艺术中诗情画意的抒发无不具有好处（图6-37）。

花鸟画，特别是花卉画的基础——梅、兰、竹、菊（图6-36、图6-38、图6-39），用线交叉极其复杂。梅、兰、竹、菊，若没有疏密交叉，则不成画。故花鸟画，特别讲究交叉、参差，讲究空白的运用，特别强调"在空白处作文章"，讲究有意无意留下的飞白、罅隙、洞眼以及缘物寄情的作用。它既遵循艺术美的规律去表现自然美，反过来，自然美又丰富了艺术的形式美，其中寄寓着作者的感受和思想。

图6-37 写意花鸟（赵春林）

图 6-38 写意风竹(赵春林)

图 6-39 写意菊花(赵春林)

复习思考题

1. 说明作中国画常用的笔、墨、纸。
2. 说明中国山水画有几种传统画法，自己试用传统方法画一幅山水画。
3. 中国花鸟画有几种画法？都有什么特点？
4. 创作一幅写意花鸟画。

第7章 园林画的表现技法

7.1 概 述

7.1.1 目的和意义

园林涵盖的内容和范围是十分广泛的，一座园林有的是几十公里的海岸线，有的是一二座山。正因为如此，园林中的风景其含义也是非常多的。园林风景画就是在园林景物中选择不同角度、不同重点，以不同主体所形成的风景画。本章考虑实际工作的需要和突出专业绘画的特点，重点研究以植物为主体的园林植物画，以建筑为主体的园林建筑画，以园林风景为主体的园林风景画，为了表现园林总体效果的园林鸟瞰画四种。

在园林景物中，园林中的植物、动物、山石、泉水、建筑、雕塑、道路、各种小品和园林中大小活动区等，都是园林总体的组成部分，是构成园林的基本设置和全部内容。这些设置和内容由于处于不同的地域，具有不同的环境特点，再加自身不同的形状、体量、色彩，从而形成了具有不同园林特色的风景。这些设置和内容，由于在特定的条件下，又由于四时季节更替，景观不同，风雨、阴晴、日出、日落的自然变化和所造成的光影效果不同；湿度、温度、空气气流流速等环境条件的不同；风声、雨声、泉声和鸟鸣声的音响气氛反映不同等，又构成了各种不相同的意境。这些不同的风景、不同的意境对具有各种文化层次和怀有各种心态的人又产生了不同的感受，致使一些人对园林中的风景有了无限崇拜和倾倒的感情，为了表达和抒发对其美的追求，相当一部分人为其奋斗终生。如音乐家、舞蹈家、雕塑家和画家为了表现园林中的某个景，或园林风光中的某种情，极力去体会、研究、创作，最终产生了好的作品。这些作品又带着各自的艺术特点和魅力吸引了很多人，给人们带来了另一种美的享受。

作为园林工作者，要能更全面地懂得园林，了解园林，对园林中所能形成的风景和意境在情感上理解和体会比一般人要更深刻，同时还能利用环境条件、人文条件来创造一些使人感到更加倾倒的境域，使它更能产生良性循环作用，这是园林工作者应该具有的素质和能力。作为园林工作者，怎样看待园林在人类生活中的作用，园林与人类之间的重要关系，怎样理解由园林因素的作用对人类产生的不同心态作用，以及怎样利用园林手段来激发人们对大自然的爱，对现代幸福生活的爱，对祖国山河的爱，这对我们今后进一步开发园林，提高园林的效应、效果，特别是在目前经济大潮中，怎样把旅游、商贸、艺术和信息传导工程融为一体，使园林在政治、经济、文化、教育、艺术等方面发挥更大的作用，非常重要。

我们园林美术工作者，正是要在懂得这些道理的前提下，为园林开发、建设取得更大效应、效果去努力工作，我们每个人要利用我们的专业知识和艺术技能多酝酿，多构思，把我们认为美的环境用园林形式设计出来，用绘画方法表现出来，最后经过努力让它成为生活中的现实。这就是我们专门学习园林风景画技法的意义和目的。

7.1.2 园林风景画的表现技法

在前面，我们已清楚本章的重点是研究园林植物画、园林建筑画、园林风景画和园林鸟瞰画的技法，为什么要研究学习这四种画的表现技法呢？因为在园林工作中，它能较好、较全面表现园林，表现园林效果，所以对它们的表现技法要作为重点来研究、学习。并要很好地掌握。

表现这四种画的技法很多，一般常见的有：
(1) 铅笔画表现技法；
(2) 钢笔画表现技法；
(3) 现代水彩表现技法；
(4) 现代水粉表现技法；

(5) 中国画表现技法；
(6) 马克笔表现技法；
(7) 喷笔表现技法；
(8) 丙烯表现技法；
(9) 颜色铅笔表现技法；
(10) 钢笔淡彩表现技法；
(11) 平面装饰表现技法；
(12) 照片镶嵌表现技法；
(13) 透明照相色表现技法；
(14) 电脑绘画表现技法。

这些技法可单独使用，也可综合使用，但更多的是综合使用，用综合的绘制技法取得最理想的创作效果。上述绘画技法虽然很多，但表现形式不外乎两大类。一类是用线表现的形式，另一类是用面表现的形式，或是用线和面相结合的表现形式。所谓用线来表现的形式，就是以不同的线型来塑造空间、体积、形态、结构，这种绘画技法比较省时间，速度比较快，对创作构思起稿，研究造型、结构，快速表现都比较实用。而以面来表现的形式，就是利用光影、层次来塑造空间、体积、形态等，这种表现形式，能充分表现所描绘物体的质感、光感、色感，能较真实地再现客观对象的视觉感受，让观者有身临其境的感觉。这种表现技法虽然好，但十分费时间。

7.2 园林植物画

园林植物画是指画园林植物为主体的画。园林中的植物种类十分繁多，名称浩如烟海，仅牡丹和菊花的品种和名称就难以计数。园林植物虽然品种和名称繁多，但按大的分类仅为两种，一种是树木，另一种为花卉。所以我们所说的园林植物画，就是指园林树木或园林花卉为主体的各种画(图7-1~图7-3)。

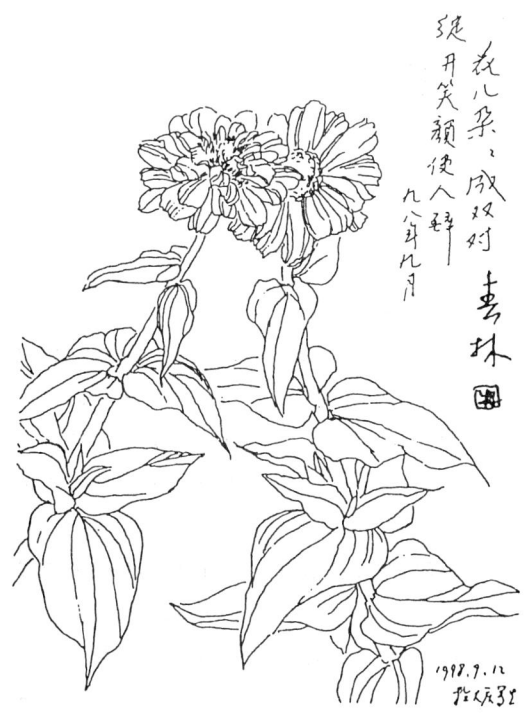

图7-1 园林植物画(赵春林)

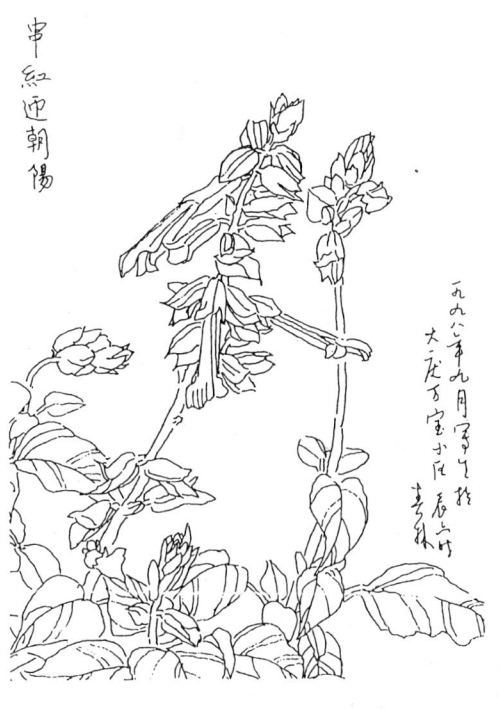

图7-2 园林植物画(赵春林)

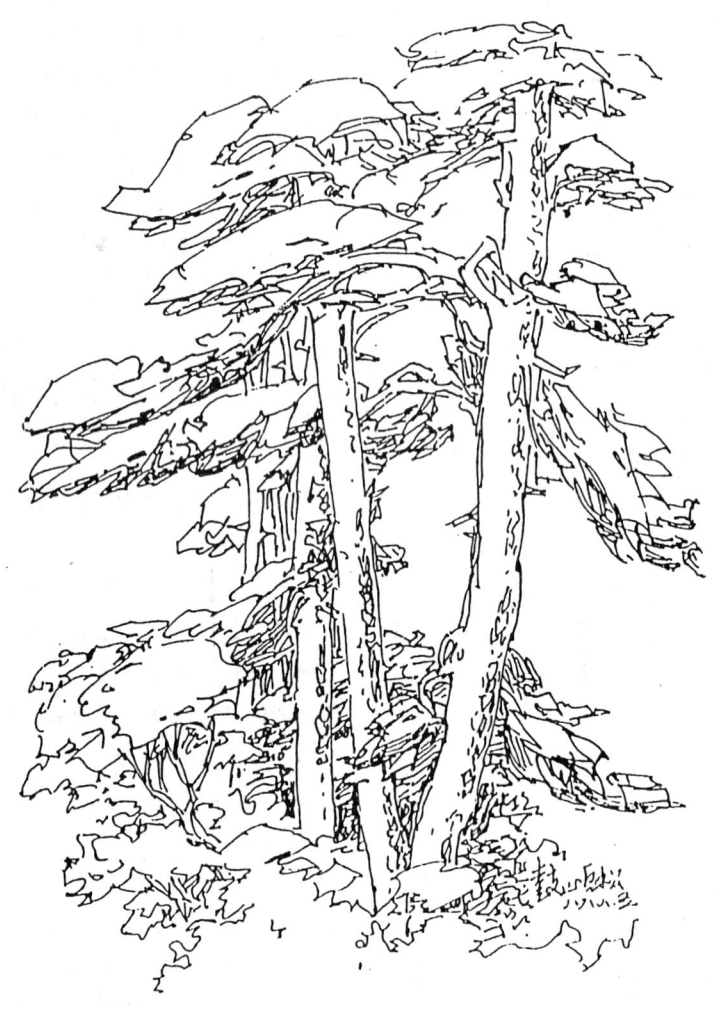

图 7-3　园林植物画（刘远智）

　　园林中的树木和花卉由于地域和各方面条件的不同，各地区的树木和花卉品种也不相同，其表现形式和姿态也都不一样。如大兴安岭的松树瘦挺密度大；长白山的松树粗壮笔直挺拔；泰山的松树粗壮繁阴多曲折；黄山的松树挺拔，枝叶稀少。人们按其特点使其人文化；就代表了不同的性格，并用其性格来鼓励人。洛阳的牡丹花种植面积之大、品种之多使人吃惊，真是万紫千红百花如海，人们也为其陶醉、激动，用其表示幸福美好、富有。正因为如此，人们喜欢它，歌颂它，把园林植物称作是园林的生命。也正是因为这样，园林工作者更注重园林植物的培育，使其更好的发挥作用，满足人们精神生活的需求，同时也使园林植物在园林中更好地美化环境、净化空气。园林植物在园林中的作用既已明白，画园林植物画的目的也就明确了。即用来满足人们对园林花卉、树木的热爱之情。同时绘制出各种形态来加以研究，更好地使植物在园林中发挥美的作用。

　　园林植物画主要是为满足人们精神生活需要，满足美的要求，在绘制时就要突出艺术性，用浓重的色彩和线条把其形和姿态尽善尽美地表现出来。这样，对其技法就可选用最能表达园林植物形、色特征的表现技法。在前面介绍的14种通用表现技法中，最能表现植物画特征的是铅笔、钢笔、钢笔水彩和中国画的表现技法。这几种技法的用线或刚或柔都能淋漓尽致，用色或浓或淡都能得心应手。特别是中国画表现植物或粗或细，或秀或雅，其艺术效果能达到神化的程度(彩图 19、彩图 25、彩图 27、彩图 28)。

7.3 园林建筑画

园林建筑画是绘制以园林中各种建筑为主体的画。

园林中的建筑种类很多，虽然它们的种类不能与园林植物品种相比，但从其造型和功用来说，建筑种类也不下几百种。特别是中国园林中的建筑，将观赏、游览、使用融为一体，名目就更多一些。园林中的建筑不管是国内还是国外，其体量一般不大。所以园林建筑画与一般建筑画不同，它所描绘的是小巧玲珑，并具有与园林环境相统一的建筑，如古香古色的楼、台、亭榭。这里的楼最高也不过三四层，多数是一二层。其内部空间利用也比较单一。其建筑色彩也不太艳丽。建筑主要功能是供游人观赏、休息之用，所以造型的要求更注意艺术性、园林环境的统一性以及民族性、地区性和文化性。中国人的园林文化和日本人的园林文化以及印度人的园林文化内涵有很大的不同，所以各园林中的建筑造型、色彩和功用也就有很大的差别。

园林建筑画主要是供人们欣赏所用的，同时也是为了兴建园林中的建筑而画一些具有设计意义的建筑画。前者要突出艺术性，后者要强调技术性。带有这两种目的性的建筑画用什么技法来表现为最好呢？建筑画在表现自身特点、造型、色彩以外，在很大程度上画面要有园林风光的环境来烘托，如建筑画中上有天空，周围有树木和其他建筑设施，所以突出艺术性的园林建筑画最好采用水彩、水粉绘画。突出技术性的园林建筑画以选用钢笔画为好，

作为设计效果图(彩图 8、彩图 10、图 7-4~图 7-12)。

图 7-4　园林建筑画(刘远智)

图 7-5　园林建筑画

图 7-6　园林建筑画(刘远智)

图 7-7　园林建筑画（刘远智）

图 7-8　园林建筑画（刘远智）

园林建筑画如果想画的十分细腻，并为了取得较好的绘画效果，可用水粉用长一点时间来画。在作画前要把建筑画的有关辅助工作做好。首先，要确定好绘画的意图，如果是画纯艺术品，要从艺术角度多去全面考虑构思主题、效果。如果是设计项目，作为报批审核材料，就要全面考虑用途、资金、设计结构色彩、建筑材料等。其次，在绘制之前，一定要选定最佳的视角，确定恰当的透视方法和表现方法。第三要注意选用适当的绘画工具。

水粉建筑画作画步骤：

在画园林建筑画之前必须作好绘制前的准备工作：

7.3.1　确定小稿

在了解和肯定了设计内容后即开始绘制大量小稿，从中选出理想的草图，以发展成正式画面。小稿绘制一般分素描稿和色彩稿。

1）素描稿：素描稿主要解决构图布置、造型结构、光影层次、黑白配置、外形节奏、用笔构成等问题。

2）色彩稿：色彩稿着重确定色调和色彩关系，对多种设计色彩稿进行对比。

7.3.2 轮廓稿

为了保证画面干净，需要在画正式稿以前先作一张轮廓稿，即透视线描图，以同正稿1:1的大小拷贝成正图，要求线条正确、清晰、造型完整。

7.3.3 裱纸

园林建筑画的绘画，都把纸裱在板子上来进行，避免绘制过程见水隆起。作画纸如需色彩纸，可在裱好的纸面上染色，干后再作画。

上述作画准备工作完成后就可正式作画了。作画第一步是先画建筑外观的色彩。如建筑物外观玻璃面大、墙面小，可在上色时先画玻璃面，后画墙面，如建筑物外观墙面大、玻璃面小，可先画墙面，后画玻璃面。

玻璃面的上色方法是用排笔刷出倾斜的上深下浅的大面，不做分割，体现光线的流动感和玻璃的质感。这种用排笔画出的层次流叫一源一流用笔（图7-12）。如果用笔斜画出两边深、中间浅的大面的层次流叫二源二流。玻璃的光感和质感除上述两种层次流的表现方法外，还有一源两流和一源多流等方法，具体使用，要根据情况处理。笔触的安排是表现层次流的关键，所以玻璃面的光感和质感要注意笔触的排列。画墙面的用色要厚，可覆盖部分玻璃不规则的底色，墙面在用色时不做强烈的色彩对比，层次过渡较为平缓，一般墙面的明暗变化是受空间透视的影响，受光面多数是上浅下深，背光面则呈现上深下浅。在用笔表现上，外墙如用水粉画，可留有明显的大块笔触，并且笔触搭接具有方向、大小的变化，切忌呆板、平均处理的毛病(图7-13)。

在完成大面积的墙的铺色后，需对其材质要进一步表现，有缝线的要按透视原理正确画出缝线的位置和轻重变化。

在前两步画完后，建筑物的大体关系及材质效果已经确立，需要对各局部深入描绘。首先是对窗框的表现，窗框一般都较坚硬，如铝合金等。描绘时需用直线笔，线要画得光挺坚硬，同时注意窗框的受光面和背光面，尤其在表现小型建筑或是近距离建筑时，更要对窗框的两个面作出交代。但对远距离窗框的表现可概括成一条线。为了同立面上的层次流动相统一谐调，窗框的线条亦要有相应的层次流动，或上深下浅、或上浅下深，始终要同玻璃的流

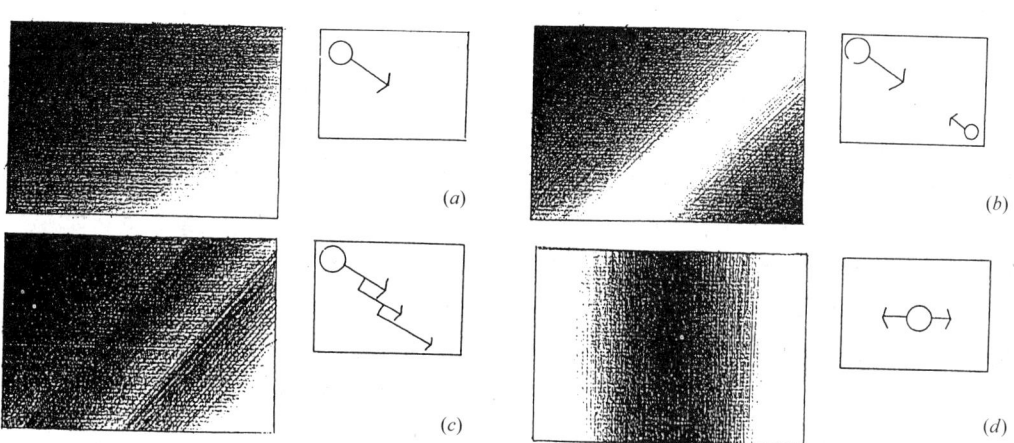

图7-9 一源一流与多源多流
(a)一源一流；(b)二源一流(有主次之分)；(c)一源多流；(d)一源二流

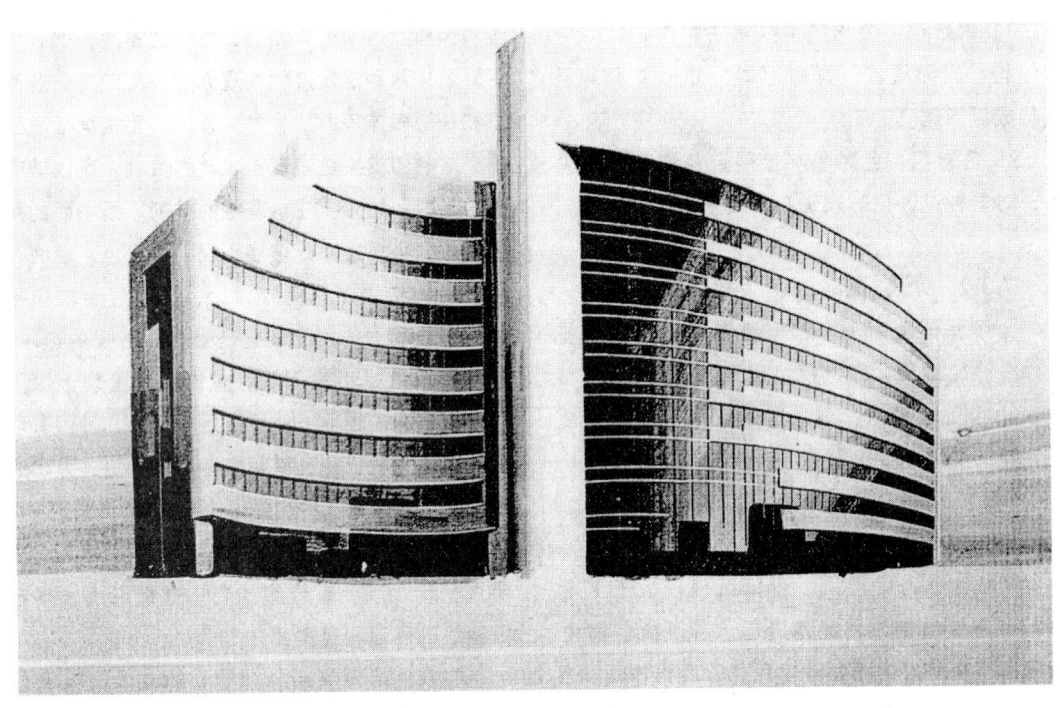

图 7-10　玻璃面与墙面画法

动保持同步方向，以加强建筑物的空间感和画面的整体效果。

大多数建筑的窗框都固定在外墙的内测。由于在窗框的四周可看见外墙面的厚度，在表现窗框的同时，也要表现这一厚度，同时要注意墙厚度在玻璃窗的窗框上的落影，这些落影一般用色较深。

入口，这一步骤是对建筑物底层入口深入的描绘。入口可以是小门洞，也可以是大尺度的门面，不论大小如何，都是建筑设计的重点部位。有的入口装饰很多，有的还有造型很美的雨篷。在具体表现过程中，入口的描绘顺序都是从建筑内部开始，由内向外，先画出透过门框或底层玻璃看到的室内，并着重描绘出室内灯光效果。如所描绘的入口尺度较大，可将顶棚、柱子、室内陈设及室内行人及高度概括的手法表现出来，并注意室内景物的透视正确，在此基础上描绘出入口处的门框造型和把手式样，并对材料质感进行刻画。如果入口有大面积的玻璃装饰时，需注意玻璃的接缝线和玻璃厚度的处理，具体表现方法只需用直线笔以白色线划出即可。最后画出雨篷的造型、体积、光影、材料，并绘出雨篷在建筑物及地面的落影。

对地面、道路和主体周围的建筑环境进行着色。一般为了衬托主体建筑，对周围的建筑物要做高度概括，在色彩上基本呈画面色纸的色相，而较少表现其固有色，明暗对比也大大减弱，不做细节表现，有的对其材质也做省略表现。与此相反，地面的表现都要求对比强烈，用笔讲究变化和力度，强调道路的水平纵深感，其层次流动一般为近深远淡。地面表现是否作构图上裁剪省略，则因画面总体效果而异。

配景表现。为了使画面具有真切感，最后要在画面结束前，按构图需要进行配景，即对云彩、树木、行人、车辆等进行表现，以丰富色彩、渲染气氛(图 7-11~图 7-14)。

图 7-11 水粉建筑画

图 7-12 水粉建筑画

图 7-13 水粉建筑画

图 7-14 水粉建筑画

7.4 园林风景画

园林风景画是以园林中的山山水水为主体绘制成的画。这种画主要是供人们欣赏的艺术品，其画法多用铅笔、钢笔、水彩和水粉来作画，具体技法可阅读前几章的水彩、水粉和硬笔画画法。

7.5 园林鸟瞰画画法

园林鸟瞰画主要是采用鸟瞰的角度描绘出来的园林总体或较大面积的园林立体效果图。它能表现或显示大面积的地面起伏、建筑物、植物和各种景象的内部或外部的形体，与目睹到的实况间的关系。鸟瞰画，可以根据焦点透视(中心投影)原理和空气透视(空间距离对色及明显度的影响)原理，也可能根据轴侧投影原理和国画中的散点透视原理，或综合运用这些原理，使用各种工具材料、方法进行绘制。在各种工程、科学技术、艺术中普遍应用。

7.5.1 绘制园林鸟瞰画的目的

园林鸟瞰画，共有两种表现形式，一种是做园林设计用的鸟瞰画，另一种是成为绘画艺术的园林鸟瞰画。

这两种园林鸟瞰画的绘制出于两个目的：

一是，用来显示园林工程的艺术和立体空间效果，叫园林鸟瞰示意图或效果图。主要是作为工程设计、工程审阅用。工程技术人员经常把这种鸟瞰画与工程设计图装钉在一起，供园主、市政主管或施工人员了解设计意图。这种画的特点，是要求有艺术性，但突出强调真实性和科学性。

二是，表现作画人对园林美的独特感受，供观众作艺术欣赏用，叫园林鸟瞰画。这种园林鸟瞰画，独立于和有别于工程示意图或效果图。其特点是，表现作者主观感受的一面。特别强调独立的艺术性和审美性，不十分要求真实性。

园林鸟瞰画，表现形式十分自由，没有多少固定的框框。其处理方式和使用材料工具，都可根据实际需要和作画人的见解去灵活安排。有用水粉画的，用水墨画的，水色画的，油色画的，借用器械细微绘制的，用钢笔、铅笔、徒手画的，都有佳作；也有画成写生或速写小品的，韵味十足；还有画大幅勾线白描的，既淡雅又博大恢宏。具象的很多，抽象的也不少。有求雅的，也有求俗的，更多的是雅俗共赏的。

园林鸟瞰工程图，在表现形式上不允许太自由。从趋势上看，在工程上具有图纸意义的鸟瞰画的表现形式，在艺术追求上愈来愈向鸟瞰画发展。目前，由于市政主管人，工程技术人员，一般观众和施工人员艺术修养的普遍提高，独立的艺术性很强的鸟瞰画，在园林设计中已被大量地采用。有一些园林设计中绘制的立面图和鸟瞰图，可以说就是一幅漂亮的园林风景画(图7-15、图7-16)。

今天，虽然园林鸟瞰画，仍有着两种不同的需要，两个不同的目的，但不管它是园林鸟瞰工程图，还是园林鸟瞰画，不管它们绘制的标准和目的是什么，我们从中都可以看出它们之间，具有很多的共同之处。

第一，在形式上，都是大空间、大场面的描绘和表现。

第二，在画面中，都极力追求立体空间的和谐统一和美的韵律。

第三，它们都能表现园林美，为园林建设服务。

7.5.2 鸟瞰画形成的特点

在园林设计中，为什么要绘制鸟瞰形式的效果图，用来表现园林风景？为什么画家也要经常采用一些鸟瞰形式，来画园林风景？这是由园林景观所具有的特点和鸟瞰画在表现园林景观中能收到特殊效果所决定的。鸟瞰画，犹如一只向前、向左、向右俯视飞翔的鸟在观看中所得到的景物图像。这种图像，在理论上怎

图 7-15 西泠题襟馆鸟瞰(宣大庆)

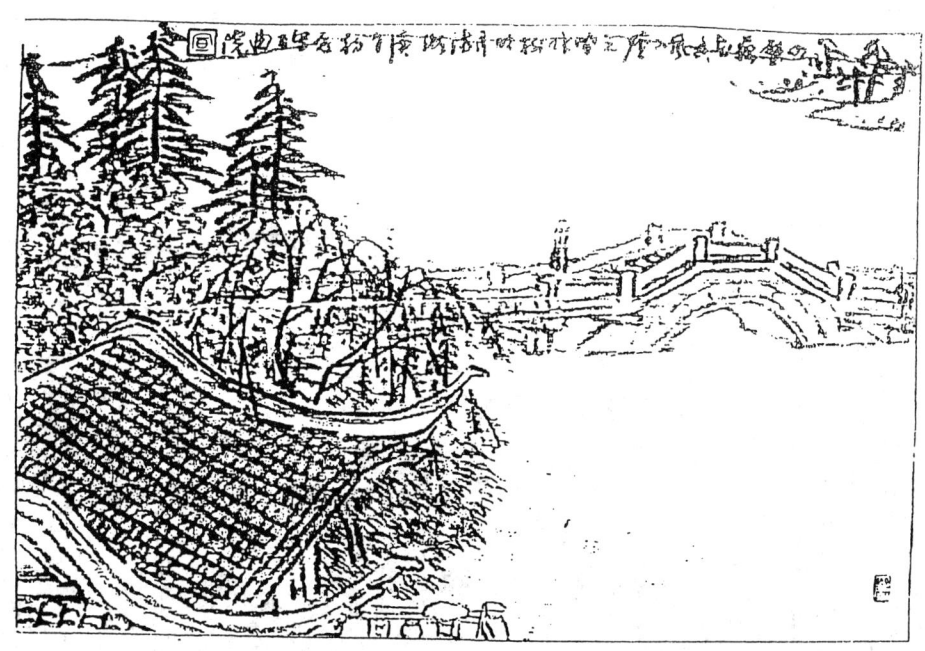

图 7-16 曲院水榭(宣大庆)

样去理解它，它具有什么特点？下面我们分四个方面，加以说明。

1）视线受阻面减少

在平视中，视线只能看到正面的一个物体，后面物体都看不到。视点抬高以后(高视点)，视线受到的阻隔减少，可以从前面物体的上方投射到后面物体上，不仅能看到前面的物体，还能看到后面的物体(图 7-17)。

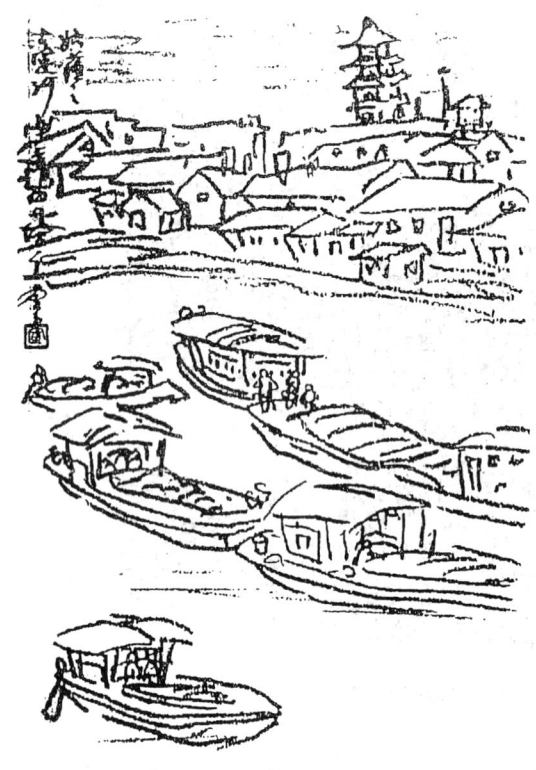

图7-17 姑苏古运河（宣大庆）

2) 视线面积增大

高视点，调整了物体的正侧和上面的透视变形关系，加大了物体下端表现与视平面的面积。如果视点为原高度的2倍，视圈面积就差不多是原面积的4倍，呈平方比。因此，在画面上垂直于地面的物体上大下小（图7-18）。

3) 物体变形减小

采用焦点透视，画面中的所有景物透视点都向一点集中，使前后左右的景物形体透视变形加大。而抬高视点后，同时再把视点不断向左右移动，变换视点位置，使景物呈现多焦点透视形式，同一画面中的前后左右景物、形体的透视变形就会减少（图7-19）。

4) 景物表现完整满意

鸟瞰画，在绘制中除了高视点和游动视点外（左右移动），为了求其图画效果，有时在构图中，还综合采用轴侧透视法、三点透视法、转动视点法（转椅法）、伸缩视点法（伸缩法），使画面不受视点、视域限制，冲破焦点

图7-18 湘西麻栏屋鸟瞰（赵阳）

透视仅限于一个视域内作画的法则，也推翻了近大远小的客观规律。使若干个视域中的景物，将大的画小，小的画大，将所有景物按设计者意图归纳统一在一个画面之中，使其要描绘的景物得到完整满意的表现（图7-19~图7-21）。

图7-19　大连老虎滩(赵春林)

图7-20　光明顶看黄山(赵春林)

图 7-21 青岛海边(赵春林)

7.5.3 鸟瞰画在园林专业中的意义和作用

1) 鸟瞰画在园林专业中的意义

中国园林,分皇家园林、私家园林、风景园林、岭南园林和寺庙园林等。每种园林,都要求有山石树木、小桥流水和各种楼台亭阁建筑,及其一些小品,共同组合而成。一个园林景区,又分若干个小区。每个小区,又以不同内容为中心形成许多景点。对每个景点,人们都要求布局多样,注重视觉效果。从建筑物到植物配植,都要求有高有低,有曲有直,有峻有悬,山头不可重犯,树头不可二齐。园林中自然晨昏、晴雨四季的变化和植物枯荣的变化很大。对于这么复杂的中国园林景观,设计者用三视图或焦点透视图来表现,是不可能做到的。所以鸟瞰图,对园林工程设计的表现和园林风景的描绘有着特殊的意义。

(1) 一般园林都分景区和景点。它们之间有一定的视觉阻隔。鸟瞰视点高,视线受到的阻隔减少,视域内容和面积增大。用一般立体图,难于同时表现那种大面积的效果。而用鸟瞰画来表现就比较容易些。

(2) 在鸟瞰画中,平行于地面的平置图形透视变形较小。因此,不少难以在平面图、立面图中表现的平面设计思想,用平面图又无法表现的某些立体效果,用鸟瞰图就可能得到较好的表现,比如,形状复杂的大型花坛、水池、假山群以及形状复杂的平面布局等。在绘画与摄影中,几乎毫无例外地都采用了一定俯视角的鸟瞰图形式。另外,不少公园的导游图、示意图，也用了鸟瞰画形式。一部分以园林水景、建筑群落和特殊造型的园林形象为主题的照片也采用鸟瞰的拍摄角度。

(3) 鸟瞰画的画面与地面可以不垂直，能造成特殊的视觉效果，表达特殊的视觉感受，这方面的例子很多。如表现皇家园林屋顶的金碧辉煌同松柏的葱郁苍翠之间的强烈对比、表现黄鹤楼与武汉长江大桥的风格差异、表现天坛祈年殿蓝色的圆顶在全国象征涵义中的主调作用等，采用鸟瞰画方式，都是比较好的。

(4) 有些鸟瞰画里的景物，上大下小，加上在俯视中的人、建筑物、树木等较低的形象的高度透视缩减十分显著，这就使高塔、楼阁等在全图中统率作用更为突出。比如，有一幅法国浮勒·维贡府府邸花园的照片就是从直升飞机上拍摄的，把庞大的建筑与分布在中轴线附近的花坛、水池、喷泉、雕塑等矮小的形象放在一定的角度下，对比十分强烈，突出了建筑物在花园中的统率地位，这种效果是用其他拍摄角度难以达到的。

(5) 鸟瞰画由于采用了高视点、游动点、轴侧投影、转动视点法、伸缩视点法等散点透视方法，在园林描绘中，不受视点、视域的约束，也不受近大远小规律的限制，可随着设计或绘制人的意思灵活地将各种景物归纳统一在一个画面里，这为真实地表现园林提供了方便条件。

以上几条，是园林设计和绘画经常采用鸟瞰形式的原因。

2) 鸟瞰画在园林专业中的作用

鸟瞰画，具有艺术性和实用性。园林专业所研究的园林鸟瞰画，主要是指园林设计中的立体效果图。它主要是为园林工程建设服务的，是整套园林工程设计图中的一部分。它虽然是以绘画形式表现的一张图纸，但它不允许具有绘画那种自由性和随意性。它的绘制要求，严格地受园林工程制约。园林鸟瞰立体效果图的绘制，不能脱离园林工程设计图的要求和规定，不能自由发挥，应该要求相对准确地表现园林设计意图，一丝不苟地反映出设计蓝图规定的基本风景结构、景物关系和空间安排。

全面、忠实、直观、形象生动，是园林设计鸟瞰画的四个具体要求。达到了这些要求的鸟瞰画，就能具有以下四个方面的作用。

(1) 直观地揭示示意图的作用

一项园林设计的示意图和效果图，单从文字和蓝图上，是较难把握的。风景效果图的好坏，是设计者最关心的问题，也是一切与园林风景建设相关的人共同关心的问题。他们希望了解设计意图和切实保证风景效果。达到了上述四个具体要求的鸟瞰立体示意图或效果图，在一定程度上可以满足他们的愿望。

(2) 查证作用

理解了上述四个具体要求，就有可能促使设计者重新认识自己的设计，分析设计的得失，检查设计意图与可能产生的效果之间的联系，帮助印证某些崭新的设计思想，查对在蓝图中很难察觉的疏漏或失误，为进一步修改设计指明方向，以避免无法挽回的后果。一些新的设计思想，当它们还只是隐含在蓝图中的时候，很可能难于被人们理解和接受。但当它们画成示意图或效果图时，就可能得到较好的反应。人们通过优美的风景展示，有可能理解设计意图，也就易于承认它了。即使有不同看法，也容易按图去考虑，讲明不同意见。

(3) 宣传作用

园林风景中的空间变化十分复杂，说"步移景异"是毫不夸张的。山石、竹木、建筑、水体、路径、地形等造景因素的组合方式，也是千差万别的。没有经过严格训练，要凭借蓝图对园林风景的实际形象作全面的想像，几乎毫无可能。工程蓝图的特殊表达方式，不仅一般群众和主管人，就连不熟悉园林专业的其他工程人员，也都很可能看不懂，更不要说产生鲜明、生动的想像了。文字说明和口头解释，即便说得头头是道，使他们获得的东西大多也是一些抽象概念，能产生美的想像十分有限，距离将来的实际十分遥远，甚至难以表达原有意图。有了鸟瞰立体示意图（特别是效果图），这个问题就解决了，一般人都能看懂。因此，它是一种常用的宣传手段，可以用直观的景观形象把蓝图中的设计规定向观众传扬，使他们理解，并支持设计意图。

(4) 供审批参考作用

示意图或效果图，是主管部门审查蓝图的重要参考材料。通过鸟瞰立体示意图、效果图，审查人能较快较准确地理解设计意图。对设计的科学性、艺术性、可行性和投资效益之比等，也比较容易地作出判断，设计方案通过审批就会顺利些。反之，就很可能要多费些周折。

示意图，在园林建设中起着一定的作用，能在某些方面弥补设计蓝图的不足，是园林专业人员应当掌握的一种图示方式。但并不能取代其他的工程图。它毕竟有自己的局限性，它不能具体人为地规定园林风景的建造步骤，凭借它不能"按图施工"。所以，对园林修建工程来说，它的作用当然不如工程蓝图那样重要。在全局、忠实、直观、形象生动地反映基本设计意图方面，示意图、效果图也比不上园林模型，不能像模型那样把立体的构件加以组合来表现各种园林景物。特别是近年来发展起来类似潜望镜的观察方式，能使人"深入"到模型的每一个角落，从各种角度去观察、拍摄，同实际游园乃至登高或升入高空观察没有多大区别。既可以作静观，又可以作动观，这便是示意图和效果图所无法比拟的。然而，立体示意图或效果图也有胜过模型的地方。比如，制作周期短，花费人力物力很少，不需要较大的存放空间和发展空间，易于搬运，易于复制等。这些都是园林模型望尘莫及的。从这一点看，在一般展示活动中，要比用模型更经济、更方便、更容易修改和更换。鸟瞰画，是园林设计师用来描绘园林风景，表现独特感的一种

艺术手段。鸟瞰立体示意图和效果图，不应是工程图解，更不应是施工图，而是绘画形式的一种。

同时，我们要注意到，园林鸟瞰画是一种以富有中国特色的园林景物为描绘对象的，是以抒情写意为主要侧重面的环境艺术的画面表现。理应受到中国艺术，特别会受到中国园林艺术的深刻影响。我国传统美学的核心是"天人合一"。重"情"重"意"是其特点。意境情趣是中国绘画艺术和园林艺术的灵魂。因此，园林鸟瞰画必须以富有个性的方式去体现这个美学思想和特点。

7.5.4 鸟瞰画的几种画法

鸟瞰画，可以利用不同画种、中国画、油画、水粉画、钢笔画、铅笔画等绘制，可以用不同的方法和风格来表现。在园林鸟瞰画和园林规划设计中的鸟瞰图、立面图、侧视图等用绘画手法表现时，多采用线条和淡色。

为了满足园林绘画艺术的特殊需要，更好地配合园林规划设计表现景物的要求，下面对"钢笔鸟瞰画的画法"和"水墨鸟瞰画的画法"再作较为细致的讲解。

1) 钢笔鸟瞰画的画法

钢笔鸟瞰画，是用钢笔蘸墨水，勾出流利准确的线条，来描绘和表现园林风景或表现各种各样园林景物的园林鸟瞰画。

钢笔园林鸟瞰画绘制的主要依据是根据透视原理来组织的(图7-7)。透视方法常采用焦点透视中的平行透视或成角透视中的高视点，即视点在视平线以上俯视景物的方法(参看焦点透视)。也采用中国画中通用的散点透视方法和把轴侧投影与散点透视相结合的透视方法(参看散点透视)。用高视点的焦点透视法与综合的散点透视法相比较：前者，前后景物变形较大；后者，变形较小，表现景物场面和效果较好。所以不管用什么工具、画种来画鸟瞰画，画家和艺术家们多采用散点透视综合的方法。透视

原理的掌握，对画好钢笔鸟瞰画十分重要。可以说，它是画好鸟瞰画中景物立体效果的关键。

钢笔画起源于欧洲，后被引入我国。目前已成为我国很有前途的画种。

钢笔画的风格和形式多种多样，各有特点。

大体分为三类：一类，是侧重线条造型的形式。一类，是侧重明暗造型的形式。还有一类，是两者兼有的形式。我们画园林鸟瞰画时，力求其与设计图纸在形式风格上的线型的一致效果，采用第一类线条造型的形式较多。

以上三类钢笔画的表现都可用徒手画和借用器械来画。用徒手画法，还是用器械来画，主要取决于作画的目的和所画作品的需要，以及本人技巧所具有的高低水平。

徒手画出的钢笔画，比较自由、欢快，可大胆地进行感情表现和抒发，艺术性的表现十分强烈。借用器械绘制的钢笔画，比较呆滞，但规整统一，科学性和真实性较强。这两种表现方法，可结合起来直接为需要服务。

以线条造型为主徒手勾画的钢笔画，不以明暗色调和敷彩来表现自然景色的千姿百态，而是以通畅流利自由起伏转折的线条高度概括地描绘和表现客观形体，充分发挥线条造型的功能。这里面融合了传统的勾勒画法，很有中国山水花鸟画的白描味道。

钢笔画有线条流利通畅、富有黑白韵味和精灵细巧的特点，这似乎是对以明暗调子为主的钢笔画来讲的。其实对于以线描为主的钢笔画来讲，也同样是十分恰当的。在线条流利通畅感这一方面，由于是单线造型，着墨水不能太多，它比哪些用成排成行线条来组成明暗调子的钢笔画更显眼，更精练，更富于趣味性。因此，要驾驭和运用好这些线条，必须提高自身的钢笔使用技巧。只有钢笔在手中运用自如，才能使线条的表现更富于变化，更有运动的感觉。或者是柔润盘旋，或者是平稳缓慢，或者是紧张迅速，或者是轻如飘纱，或者是刚劲有力。

在以线条为主的钢笔画中，不管是徒手画，还是借用器械来画，所使用的线条的作用，第一是用来勾勒形体的外轮廓，起到概括形体的作用。第二是用之于明暗交界线处，或用于加强物体的明暗，以增加物体的立体感。第三是在表现外轮廓的同时，又表现内轮廓。第四是增强画面的节奏感和趣味性。

对于构图中空间关系的表现，以线条为主的钢笔画，一般是用粗线表示近物，用细线表示远物，但这主要看需要，不是绝对的。有时也用粗线去表现远物，也可采用制图线型来要求，或者根据作者自身作画的爱好和习惯而定。如建筑物等可用粗线，树木和灌木丛等用中等粗线，远景就可用细线。

实际应用，绘制鸟瞰画使用钢笔单线时，或采用徒手勾画和借用器械等都可以，这可根据需要而定。采用速写形的徒手勾画画法，由于受到时间的限制，也为了多收集素材，作画时一般不用铅笔起草。画时，根据透视原理和鸟瞰画形式需要用钢笔，获得流利线条。先从某点开始，然后扩散到全部。接着，在这个基础上，把对象中具有构图作用的部分迅速补上，画幅即告完成。这种画法，也叫徒手画法（图7-17）。这里用线条，主要是完成造型任务。这种画法比较重视边缘轮廓线的作用，同时可以养成作画迅速的习惯，培养简洁的表现能力（图7-18~图7-21）。平时如果能经常用这种画法，徒手勾画一些园林鸟瞰画、透视图、园林建筑小品，用来推敲创作构思和造型，不仅能培养作者敏捷的思维，而且对创作将具有实际意义。另一种是以精工细作的园林风景写实素描为基础，从素描中选取更概括、更有趣味的线条构成表现园林景物的画法。这种画法的步骤，是根据透视的原理和鸟瞰画形式的需要，先用铅笔，根据构思，先虚后实地画出准确的园林风景写实稿，然后根据主要轮廓线的分块的分布情况，用不同表现效果的钢笔单线条采用画素描的方法，认真地加工完成。但在具体作画时，要注意不能机械地按铅笔线条一丝不苟地描下来。

目前在园林设计中，鸟瞰画用钢笔绘制除了上面侧重艺术性表现的画法以外，还有一种侧重技术性的画法，即是借用器械，一丝不苟地先用铅笔打出网状格，把平面图和立面图按比例在相对应的网格上根据透视原理画出透视线条，按投影方法画出鸟瞰画的景物。这样画完后，再用钢笔统一整理线条和线条的表现技法。用这样的画法画出的钢笔鸟瞰画，在比例上比较准确，在线条上比较规则。这种画法，以后在园林规划设计和园林制图课程中还要讲解，因为这部分内容不属于美术教学内容，这里就不细讲了。

同样是以线条为表现手段的园林鸟瞰画，在不同的画家和园林设计师的作品里，风格上都存在着相当大的差别。有的作品，善于利用线条的节奏和旋律，给园林景物形象以深刻的揭示，体现出景物的形态美。有的作品着意画面的装饰效果；有的作品尽兴于线条形式的表现，运用变化的线条所特有的语言，传递给观赏者以动人的感受。总之，用线条画出来的鸟瞰画作品风格和趣味是多种多样的。画家和园林艺术设计师们在设计和绘制园林鸟瞰画时，可灵活运用与发挥。

2) 水墨鸟瞰画的画法

水墨鸟瞰画，是用中国画的方法，在皮纸、宣纸或绢上画出鸟瞰形式的画面。这种鸟瞰画，主要作为园林的艺术品，供审视艺术效果用，不附在工程图纸里。

水墨鸟瞰画的作画步骤：首先是用炭条轻轻勾出轮廓；在勾轮廓时，注意透视、比例，力求准确合理(用铅笔轻轻地勾轮廓也可以)；然后，用毛笔勾线，先重墨，后淡墨，用笔注意挺劲、转折、起伏。画建筑物或园林中建筑小品，线条要挺直。画树木、山石、流水等线条，要转折起伏，要注意质感和动感。在一幅鸟瞰画的画面中，要突出抓住一两个主要景点，其余内容和景点可略画，随时注意大的气氛和效果。要充分发挥水墨特点，适度烘染，注意画面黑、白、灰的层次，借助线条勾勒和水墨的烘染，用黑、白、灰三色把要描绘的景物尽情地表现出来。画完成后，把纸从板上取下来，如发觉深层次不够重，可在背面适度加强渲染。有的为了求其真实效果，可适当加染淡色(图7-22、图7-23)。

图7-22　水墨鸟瞰山水国画法(赵树松)

图 7-23 水墨鸟瞰山水国画法（王中年）

用油色、水色、水粉画鸟瞰画方法，在此就不一一讲述了。因为，只要明白道理，运用前面学过的水彩、水粉画法就可绘制了。

7.5.5 色彩的鸟瞰画绘制中的应用

色彩在园林鸟瞰画绘制中，大致有六个方面的作用：突出主体，显示布局，表现透视关系，装饰，表现作画者的独特感受和帮助设计等。

1）突出主体的作用

色彩，能在园林鸟瞰画中突出主体（从而也就明确地强调了主题）是因为在鸟瞰的情况下园林呈现出独特的色彩关系。

与在平地上仰视主体或平视主体不同，鸟瞰园林时，从量上说主体显得更高大，或更宽阔。从而在画面上造成新的面积比例。从质上说，高大的主体成了近景，陪衬成了远景（不管在仰视和平视中哪一个是近景），从而在变得略带淡灰蓝色的陪衬物衬托下，主体显得更加鲜明。在平视中，作为主体的水面，远处总带有灰白的色调；而在鸟瞰时，水面会变得宽、平、澄亮、晶莹。在平视中，结构复杂、阴影重叠的景物（如天坛环丘与颐和园的十七孔桥）；在鸟瞰时，会变得简单化，洁白如玉盘和玉带。

2）显示布局的作用

许多园林都有独特的布局。而在平视中，只靠静观方式会因建筑物和花木的遮蔽而无法显示出来，只能在游览了全园之后才能想像其大概。但在鸟瞰时，这类遮蔽现象会减少，乃至消失，形成一幅由白色的路径、绿色的林木、蓝色的水面、青灰或金碧辉煌的屋顶等色块构成的镶嵌画，布局一览无余，设计思想以直观的方式生动地得到表现。主轴线会明确摆在眼前，主体会得到充分地强调。

3）表示透视关系的作用

一些鸟瞰画佳作，主要是依靠色彩的恰当处理来表示关系的。尤其是对形体关系不明显的景象，色彩几乎成了表现深度的唯一手段。

色彩的这一作用，是建立在空气透视原理和色彩变化规律之上的。色彩的各种细微变化，也不是初学者能轻易做到的。

这里，我们只要求同学们了解几点最基本的原理，在实践中不出大的错误也就可以了。

(1) 空气离地面愈近，蓝色愈浅；离地平线愈远，蓝色愈浓。

(2) 天空离太阳较远的一方，蓝色较浓。

(3) 比空气暗的物体，愈远愈呈淡蓝色；比空气亮的物体，愈远亮度愈减弱，颜色纯度愈低。

(4) 形状和各部分的固有色都完全相同的物体，愈远愈模糊，愈带蓝灰色，本身不同调子的反差愈减弱。在鸟瞰图中，高处比低处更鲜明，更清晰。

(5) 色彩不同、体积相同的两个物体，愈远则暗的显得比亮的愈小。在鸟瞰图中，高楼、高塔、高树等的下部，不直接受光源照射的一截体积，显得比应有的形体透视缩减度更为缩小，更不清晰。

(6) 在浓雾中，上下粗细相同的物体，上部较粗较清晰，但色彩较暗；下部较细较模糊，但色彩较鲜明。在鸟瞰图中，视点愈低，上述现象愈显著。但随着视点提高，我们将只能模糊地看到浓雾中物体的顶部(色彩同样愈远愈灰暗)。

(7) 在雾雨中，画面景物的层次会减少。随着雾、雨变密，远景首先隐没，其次是中景，层次间形状和色的清晰度差异也越来越小。

(8) 随着距离加大(或雾、雨变密)，物体的高光和最暗的部分首先隐没；其次是色调对比；再次是轮廓；接下来是细部。

4) 装饰的作用

在全园景物高度差异不大的情况下，鸟瞰画往往会给人类似镶嵌画的感觉。这里，掌握好不同色块的大小、形状、色调对比与谐调、组合和韵律等，就显得格外重要了。我们应努力学习装饰性艺术，了解色彩的装饰作用，这对画导游图、平面示意图都会带来好处。

5) 表现作画者独特感受的作用

前面说过，素描的形体结构和明暗调子，客观内容包含得多一些。而线条和色彩则可能包含较多的主观内容。

鸟瞰画又较常用于设计或表达设计意图，用色和用线都不应与设计用色的基本法则、白描用于设计的基本法则相悖。

因此，鸟瞰画的色彩，既可能反映园林的实际效果，更可能表现作画者的独特感受。初学者切忌用色杂乱、庸俗，一开始就要注重简洁、明快、淡雅。

当然，在我们的艺术修养大大提高之后，是可以使用"主观色"表达自己对园林的独特的强烈的感受的；采用哪一画法、哪一画种、哪一画料的色彩技法去表达，也可以根据园林的景物和个人的特点去加以探索。

6) 帮助设计的作用

(1) 使鸟瞰画成为一个完整的设计方案

所有的艺术，只有完成了它应该完成的各种步骤以后，才算是一个完整的艺术品。园林艺术设计创作，需要在构图、各种单体的艺术安排、比例、空间设想及色彩配置等多方面达到谐调统一，产生一种或多种意境后，才能算作一个完整的艺术品。

(2) 可使设计者主动控制完成后的园林色彩效果

园林设计，要从多方位、多视点、多角度、多种单体艺术组合及多彩色去考虑，以达到和谐统一的艺术效果。在开工动土之前，必须有一个完整统一和谐的设计效果图。在此图中，各种艺术效果必须得以充分表现，方能使制作者得心应手，把设计者的意图变成现实的空间艺术。所以，要求设计者对完成后的园林空间艺术要有先见之明，把握完成后园林艺术色彩之效果。鸟瞰画中的色彩效果，是设计者综合各种艺术手法对生活美、自然美、艺术美认识的再现(彩图20、彩图22、彩图23、彩图24、彩图27、彩图35)。

7.6 电脑园林绘画

7.6.1 电脑园林绘画概述

1) 电脑绘画的范围及发展

计算机俗称电脑，其英文名称是Computer。

它是一种能高速运算、具有内部存储能力、由程序来控制其操作过程的自动电子装置。它之所以被称作电脑，是具有自动进行各种操作，高速处理数据，超强记忆和很高的计算精度与可靠的判断能力等功能。

自从 1946 年世界上产生第一台计算机以来，计算机经历了电子管、晶体管、集成电路以及大规模集成电路的四个时代。随着计算机技术的迅速发展，硬件的不断更新，软件不断完善，到目前，计算机已经渗透到各行各业。电脑和绘画联系在一起，已不是梦想，电脑绘画给我们展示的是区别于传统绘画的一种新的视觉形象，一种崭新的绘画方式。

计算机绘画分为纯艺术绘画创作和实用艺术美术设计。

在完成的作品中又分为静态画面和动态画面，静态画面主要包括书装、海报、邮票、企业形象、舞台布景、服装、建筑、工业产品设计等。动态画面常用于电视节目片头、广告、美术动画片、电子游戏、影视特技等。

利用电脑我们可以模仿传统绘画的某些效果(例如水彩画的晕化效果、版画的分色套版效果、油画的点彩效果)。电脑绘画并不能象传统绘画那样运行自如地描绘万事万物，但可以充分利用它的优越性来进行创作。

2) 电脑绘画在园林中的应用

在园林设计中，以前我们用古老的方式绘制效果图(纸、笔、颜料)。现在可以用电脑这一现代化工具进行绘制效果图。

我们根据用途可选择各种软件进行绘制园林画，如园林规划图、平面图可选用平面设计软件，公园的设计、街景、园林小品、园林中的雕塑、古建筑复原等可选用三维软件进行建模，渲染软件渲染，平面设计软件后期制做。这个过程制做出的园林画具有真实的三维空间效果。设计完成的作品，还可以在三维软件中制做成动画进行各个角度观看浏览，使人有身临其境的感觉。

7.6.2 电脑绘画工具

电脑美术离不开电脑，但电脑是复杂的工具，它由硬件和软件两部分组成。

硬件是指组成一台计算机的各种物理装置，它们是由各种器件所组成。直观地看，计算机硬件是一大堆设备，它是计算机进行工作的物质基础。软件是计算机可运行全部程序的总称，其分为系统软件和应用软件。

可以这样理解，硬件是计算机系统的躯体，软件是计算机系统的灵魂，两者是互相依存、密不可分的。要充分掌握电脑这种工具最好对其有关硬件系统有一个基本了解，着重了解这些系统由哪些关键部分组成，对绘制工作方面有哪些影响。

计算机分为微型计算机、小型计算机、中型计算机和大型计算机。微型计算机又分为两大家族：PC 机和苹果机。PC 机指的是美国国际商用机器公司 IBM 推出的个人用计算机，许多厂商仿照 IBM 的标准制造的同类型计算机，我们则把它叫作 IBMPC 机的兼容机，这类机目前在国内市场占有率为 90%以上。苹果(APPLE)公司较 IBM 公司早一些时间研制出微型计算机，目前有 MACINTOSH、POWERMAC INTOSH 等品种，由 MOTOROLA 公司为其生产芯片，操作系统为 MAC/OS。这类机型目前在国外印前行业的占有率为 90%以上。国内目前较多在 PC 机上制作建筑效果图和三维动画，在苹果机上作平面设计和印前处理。但是 PC 机也能作平面，苹果机也能作三维。下面我们主要以 PC 机为代表介绍它的结构组成。

电脑硬件系统主要是由三部分组成：主机(包括中央处理器、主板、存储器)输入设备、输出设备。

1) 硬件

(1) 中央处理器(CPU)

中央处理器是电脑的核心部件，它决定了电脑的运行速度。目前在 PC 机的世界里应用最广泛的主要是 Intel 生产的处理器，Intel 处理器按速度从慢到快分，8088、8086、286、386（386SX、386DX）、486和Pentimr686等多种型号，要进行电脑创作，所用电脑的处理器应该是386DX、486DX或Pentium级的，当然级别越高的处理器运行速度越快。另外各种芯片都有不同的处理速度(Clock Speed)、时钟速度(每秒钟芯片能处理的指令数)，386/486处理器的时钟主要有20MHz、33MHz、50MHz、60MHz、75MHz和99MHz；Pentium处理器主要有60MHz、75MHz、90MHz、100MHz、120MHz、133MHz、166MHz、200MHz等。

(2) 主板

主板是电脑内部的一块大印刷电路，处理器、RAM和硬盘以及其他板卡就插嵌在它上面。主板的总线体系对电脑的操作速度起着重要的影响，目前PC世界中标准的总线体系叫ISA（Industry Standard Architectulle），它是IBM兼容机的工业标准，其总线宽度是16位(16Bits)。除了ISA总线标准之外还有MCA、EISA、VESA和PCI等几种。

MCA(Micm Channel Architecture)体系是IBM公司专门为其新一代PS/2型电脑设计的总线体系，有32位宽。

EISA(Enhanced Industml Standard Architecture)体系是IBMPC兼容机厂商们对ISA体系的改进，有32位宽。

VESA(Vedio Electronic Standard Association)体系是由视频电子标准协会(VESA)的成员开发的一种局部总线技术。

PCI（Peripheral Component Interconnect）体系是由Intel公司开发的总线系统，特别为Pentiam处理器设计的。

PCI也是一种局部总线体系，可以加在ISA、EISA和ECA体系上。一般认为PCI系统比VESA系统优点多，速度快。已有试验表明，与ISA总线体系比VESA能提高电脑图形操作速度的15%，而PCI则能提高操作速度的50%。综上所述，在考虑电脑主板配置时，应考虑选择新一代的总线体系。目前来看，VESA和PCI总线体系是比较好的选择。

(3) 存储器

存储器是能接收数据、保存数据、并根据命令提供数据的装置。按它在电脑中的作用可分为内存储器(主存储器)和外存储器(辅助存储器)。

A. 内存储器 RAM

RAM (Ilandom Access Memory) 即内存，是供电脑运行软件时存放数据的存储器。通常根据所从事的工作来配置不同的RAM，一般常见配置有128MB、256MB、512MB等等。从目前软件发展来看，将需要越来越多的RAM才能运行。

B. 外存储器

外存储器作为内存储器的后备和补充而被人们广泛地使用，它的特点是存储容量大、成本低、可以永久地脱机保存信息，主要用于存放文件。目前外存储器主要有磁盘、磁带、光盘带。

磁盘又分软磁盘和硬磁盘。软磁盘容量比较小，对于我们搞电脑绘画用处不大。而硬盘具有存储容量大、读写速度快、携带方便等特点。

硬盘是由若干片硬盘片组成的盘片组，一般被固定在计算机机箱内。主要存放系统软件和应用程序，早期生产的硬盘，其容量只有5MB、10MB和20MB。目前生产的硬盘容量一般都在百兆以上，甚至达到上千兆(GB)，所以特别推荐使用硬盘容量要在1GB以上或更高。

光盘作为新的存储方式已越来越受人们欢迎，它主要有只读性光盘、一次写入性光盘和可抹性光盘三种类型。目前在微机系统中使用最广泛的是只读性光盘。只读性光盘 (CD-ROM)只能读出信息而不能写入信息，光盘上已有的信息是在制造时由厂家根据用户要求写入的，写好后就永久保留在光盘上。CD-ROM中的信息要通过光盘驱动器才能读取。

(4) 输入设备

输入设备主要用于把程序和数据转换成电信号，并通过计算机的接口电路将这些信号顺利地送入计算机的存储器中。

常见的输入设备有键盘、鼠标器等，我们电脑绘画还需要有专业的扫描仪、数字化仪、数字照像机等。

A. 扫描仪

扫描仪是一种输入装置，种类有手提式扫描仪、平板式扫描仪和滚筒式扫描仪。平板式扫描仪使用得比较普遍。在计算机安装扫描驱动程序后，扫描仪方可工作。扫描驱动程序一般在影像处理软件中进行安装。扫描对象的类型有反射稿(包括印刷品、照片、手绘稿等)和透射稿(包括反转片或负片)两类。

平板式扫描的顺序是先决定扫描对象，如果是透射稿还需打开胶片适配器。然后用灰度预扫，圈选扫描的部位，确定是黑白或是彩色，透射稿还是反射稿，dpi 值和扫描尺寸。一般应选 300dpi 和 100%的图像尺寸。敲击自动调节亮度和对比度的控制钮，正式扫描后存储文件。输入线数 dpi 值是扫描过程中最重要的因素，它可以影响扫描图稿的质量。一般来说，扫描分辨率高，图像清晰。相反地扫描分辨率低，画像便粗糙。由于在我国的印刷业输出线数 dpi 分别为 150 和 175 线，输入线数 dpi 可以设为 300 或 350 即可。分辨率和文件的大小成正比，每当分辨率加 1 倍时，文件就大了 4 倍。文件大，就会占硬盘很大的空间，运算的速度就会变慢。所以只有在制作大幅面印刷品时，才用很高的 dpi 扫描。

为了节约硬盘的空间，在选择扫描尺寸时，应尽量选择最终用途图像的实际尺寸。例如原稿图像是一张 A4 作品里只占极小的位置，那么便可设 25%或 10%的尺寸来扫描。此外，某些印刷品有印刷网纹，所以我们必须在扫描结束后，用图像处理软件里滤镜中的去干扰功能消除网纹，使图片干净清晰。

B. 数字化仪

数字化仪与扫描仪有所不同的是，它配备了一个平板，一支电子笔，通过电子笔在平板上进行各种操作(也就像我们平时使用笔那样)。

数字化仪的平板尺寸从 A5 到 A0 都有。它们也有一个输入分辨率的参数，其大小取决于数字化仪平板下密布的电路网格的疏密。

它的最大特点是用于输入二维工程线框图，支持 AutoCAD 作工程图。

C. 数字照像机

数字照像机是一种新型的输入设备。它用起来像普通照像机一样，有自动对焦、变焦、闪光等功能。不同的是它不使用胶卷，而使用磁盘，所拍摄影像直接从数字形式记录在磁盘上。数字照像机和电脑相连，所拍摄的影像可以直接被电脑读入。数字照像机的应用简化了用普通相机拍摄，冲卷洗印，再由扫描仪扫描读入电脑的繁锁过程。使人们用起来更方便，更直接。它的存储格式一般有 GIF、TIF、PCX 等，具体张数取决于所摄照片存储分辨率，还有数字照像机本身的存储器的大小也可以起决定作用。

(5) 输出设备

输出设备是能够接收计算机处理的结果，产生人或其他机器所能识别的信息。它有两种形式：一种是把我们制作好的作品输送到显示器上，使我们能够观看到效果，以便调整修改，另一种是输送到纸或胶片上。

A. 显示器

显示器又称监视器、屏幕。屏幕常用的尺寸有 14、15、17、20 及 21 英寸等几种。选择屏幕尺寸主要考虑电脑的应用类型，如果只是处理一些常规的文字、报表等工作，14 英寸的屏幕就足够了。如果搞电脑创作，建议选择较大尺寸的屏幕，例如 17 英寸或更大一些。大屏幕可以使屏幕显示的图像面积大，节省图形缩放的要求，加快了作图速度。

在鉴别显示器的显示效果方面，还要注意点距。点距指三色电子光点投射到屏幕上每个点之间的距离。点距离越大，显示图形效果就差，轮廓不分明，所以应选择点距离小的显示器。现在我们常用的显示器点距离一般在0.28~0.39mm之间。

另外还要考虑它的刷新率，也可叫做扫描频率，它以Hz(赫兹)为单位。我们平时所看到的图形，虽然是静止不动的，但实际上它是被电子束逐行的刷新，也就是像我们读书一样，从左上角到右下角一行行的观看。那么我们看到的静止画面也就像看书一样，一行一行的刷新，但它的刷新速度是非常快的，一般是按秒来计算的。在一秒之内刷新率达到70tHz以上的显示器，我们认为它符合工业标准，也就不会产生闪烁跳动等不稳定的现象。

B. 显示卡

对屏幕显示起决定作用的还有显示卡。显示卡是一块印刷电路板卡，安插在主板上，起到在屏幕上显示各种高分辨率图形的作用。卡上有专用内存RAM。RAM的大小可以设置屏幕显示的分辨率和色彩数。

常见屏幕显示器分辨率有：800×600、1024×768、1280×1024以及1600×1200，分辨率越高，显示图形图像就越清晰，越准确。

综上所述，我们选择显示卡要根据需要进行配备显示卡的内存，一般电脑绘画推荐不低于128MB，或更高。另外随卡附有的驱动程序一定要齐备，如果好的显示卡没有驱动程序，它将起不到高分辨率的效果。

输出设备的另一个方式是把制作好的作品输出到纸或胶片上，下面我们介绍常见的输出设备。

C. 彩色打印机

彩色打印机是制取硬拷贝最实用的方法。它可以从A4~A0打印不同尺寸的图形，可以及时修改打印的色彩数、分辨率、明暗、大小等一系列参数。

彩色打印机分以下几种类型：彩色喷墨打印机、激光打印机。彩色喷墨打印机是一种较为廉价的输出设备。它主要以打印价格经济、色彩丰富、不需要特殊用纸来取得优势，但它用的是单色调的表现方式，墨的颗粒性很强，所以看上去还是有点粗糙，特别适合打印海报、效果图之类的作品。

激光打印机多是黑白的，彩色激光打印机近几年刚刚出现，还没有普及。它主要以打印速度快，使用普通纸，单张打印成本低，打印质量好为优势，特别适合文本输出。

D. 彩色胶片拷贝机

这是一种把电脑屏幕上的图像投影到普通135彩色感光胶片上的机器。得到的胶片拿到照像馆或出版社就能冲洗印刷。不过鉴于这种设备非常昂贵，一般比较实用的方法是把作好的作品存到磁盘中，拿到专门制作的服务部门去制作。

E. 彩色分色机

彩色分色机是使我们设计制作的作品成批地印刷成为可能，它是彩色印刷的关键设备。

通常情况下，我们用前述的某种打印机输出一张或若干张样品就足够了。但是，如果我们设计的是印刷品，挂历或书籍封面的话，就需要成批的印刷。一般来说，这些印刷品的质量要求非常高，不能采用先打印在纸上，再照像排版的老工艺，这就要用到彩色分色机了。

彩色分色机把计算机制成的彩色图像文件分离成四色胶片，然后再用这些胶片制版。在进行大批量彩色印刷时，由彩色印刷机根据彩色版把原先分离的四色再叠印到一起，就形成了人们司空见惯的印刷品了。

2) 软件介绍

电脑绘画选用哪些软件，对于初学者来说是个比较困难的问题，为了少废力气，效果好，我们应该选用在同类产品中使用较广泛，功能性强，有发展规模支持的软件。

电脑绘画主要包括平面设计和三维设计两方面内容。

平面设计类，以文字处理为代表的是

PageMaker(中文版)等，以图形处理为代表的是 AutoCAD，以图文处理为代表的是 CorelDRAW(中文版)，以图像处理为代表的有 Adobe Photoshop。

三维设计类，主要以美国 Autodesk 公司的 3D Studio MAX 为代表的渲染软件。

Photoshop 是美国 Adobe 公司为苹果机生产的一个影像处理软件，如今在 PC 机和工作站上也有它的版本。该软件可对扫描仪或其他输入设备获取的图像，进行任何形式的变形、剪辑、暗房特技，它把选择工具、绘画工具、编辑工具、颜色校正工具等特殊效果功能结合起来，使用包括红绿蓝(RGB)和青品黄黑(CMYK)在内的多种彩色模式，对图像进行全方位的编辑处理，从而产生出高质量的彩色、黑白图或彩色分色图。同时，Photoshop 的打印功能允许使用者精确地调整输出，从而打印出高质量的图片或胶片。

美国 Autodesk 公司的 3D Studio MAX 是一套 PC 级多功能动画制作软件，它具有先进的三维造型功能，完整的材质编辑以及灯光、着色、动画及超强的后期制作编辑功能。无论在影视的片头广告、工农业产品设计、多谋体制作、电子游戏、建筑装饰装修和电化教育、工程模拟上，3D Studio MAX 都被广泛地运用。3D Studio MAX 是 Autodesk 公司推出的以 WindowsNT 操作系统为平台的专业动画和多媒体制作软件，它的出现，使 PC 机上的三维动画技术接近了工作站级的水平。

我们利用上述多种软件进行交替和综合使用，就可以在电脑上画出千姿百态的园林画及园林效果图、园林鸟瞰图。

用电脑作园林图和园林画，当前还是一项较新的方法，它不同于平面设计，也不同于三维各种动画设计，它具有很强的园林特色，所以有很多的软件在表现园林特色的使用上还需要很好的进行研究探讨，用各种方法综合各种软件或设计新的软件来绘制具有即粗扩又细腻，并代有十分古拙的园林味道，同时还要使园林图具有效强的空间感和各种质量感觉、各种色彩感觉，并能准确的用各种线形、块面组合形和各种具象及抽象的方法来表现园林风景和表现具有各种形式特色的园林画、园林效果图、园林设计图、园林动画风景图。使其作品更具有艺术性和意境，达到比手绘效果更好。

各学校计算机任课老师和园林美术任课教师对电脑软件的使用和教学方法各有不同，本节用电脑作园林图和园林绘画的实例就不再做具体讲解，实例可由各校任课教师根据具体情况和本校学生的层次及需要灵活的掌握进行安排，只要学生能用电脑作出效果图和各种风景画，同时具有一定的艺术效果就可以了(彩图33~彩图37)。

复习思考题

1. 用单线条手绘一张园林效果图。

2. 绘制一张中型鸟瞰图。

3. 电脑绘画包括有哪些种类？

4. 电脑的主要软、硬件有哪些？其用途和作用是什么？

5. 说明电脑绘画制作程序？试制作一幅电脑园林画。

第8章 汉字和美术字

汉字和美术字都是汉文字。汉文字由于各种因素在历史长河中产生了很多种类和形体，如真、草、隶、篆、美术字等。美术字就是在原汉字的基础上进行了不同形式的变形和装饰，使其文字特征具有更特殊的表现效果。美术字其所以列为重点，因园林使用的范围极为广泛。

8.1 汉字和美术字在园林中的作用

园林鸟瞰图、园林设计和各种示意图的说明书、标题，一般都使用汉字和美术字。

就是从园林和园林艺术中来看，游览景区中的导游介绍、景区特点说明、景点名称标志，以至于书写的布告、广告和各种标语等也都需要用汉字和美术字来说明，说明作用是园林艺术中的重要内容。

汉字有各种象形特征，具有结构疏密、笔划长短、笔韵起伏动静等书法艺术特点，这些使园林艺术更增加了特殊的美。除此之外，汉字另一个更具有魅力的奥妙之处是在于汉字与汉字内容的结合，即书文的结合，如诗词、盈联、散文、各种用书法表现园林美的文学作品，其词语华丽，内容意境幽深，书法形式浪漫，充满了美的节奏和韵律及温馨情感气氛。园林在这种书文的烘托下，增加了深厚的文化底蕴，使园林艺术在历史性、艺术性和环境空间气氛上都收到了深化的作用；美丽的园林景观和书文深刻情感的作用牵动着灵魂，撞击着心灵，产生联想和激情，使人们在新颖奇特的感受中收到园林艺术具有深层文化空间所构造的特殊美感；达到知识扩大、理解加深、情景使人激动的效果。这在世界所有的园林中是无法比拟的。

园林环境一般所采用的字和美术字除特殊要求具有各种形式的书法美外,总体上要求要醒目、规范、合乎标准。所采用的文字种类、书写和制造文字的材料、体量、使用的色彩和造型都要充分体现文字艺术美，又能强化突出园林环境的形式美，使其突出的书法艺术和色彩效果产生打破园林因季节所造成的单一色。同时，园林在规范、整洁、统一的汉字和美术字等各种具有特色的字型渲染下，再加现代化灯光音响等配合，使园林艺术更具有雄壮、秀美而典雅的特色。蓝天、空气、五颜六色的园林景观、内涵深刻的文化、醒目的大字、耀眼的灯光、震撼人心的音响，这立体的环境气氛使人产生热爱大自然、热爱生活、热爱祖国的情感，这一感人、教育人的特殊形式所取得的作用和效果，是任何形式方法难以取得的。

以上我们了解了汉字和美术字在园林艺术中的重要作用，每一位园林工作者都必须认识到，学习汉字和美术字的种类及有关知识，掌握一些汉字的写法十分重要，它是园林美术教学中的重要内容，也是园林工作者的重点工作和任务。

8.2 汉字的分类

中国是一个多民族的国家，具有几千年的悠久历史，汉文字在多民族多种因素条件下由象形字逐渐演变发展成今天的汉文字形式(图8-1)。

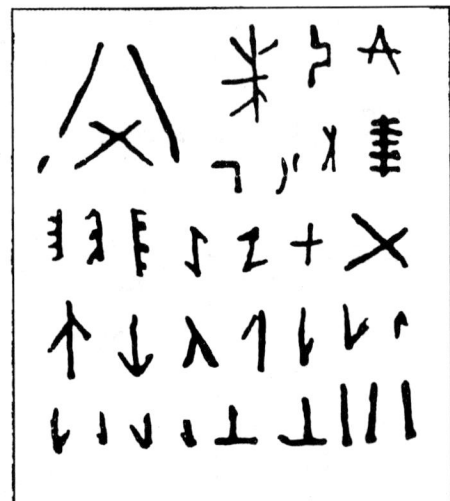

图8-1 西安半坡出土的仰韶文化彩陶上的刻划符号

其过程十分复杂。漫长岁月中所产生的多种文字种类也特别繁多(图8-2),想准确地说明各种文字所产生的时间,汉字最后形成的年代,汉字到底有多少种类是十分困难的。现在我们对汉字进行分类只能按大的历史阶段和现今还在使用的文字种类来进行说明。主要种类有真、行、草、隶、篆和美术字,下面分别对各种字体加以简单介绍:

图8-2 殷、周青铜器铭文中之族徽

篆书。篆书在秦朝以前是书体的总称,在殷代书法刻在龟甲和牛骨上,称甲骨文;西周至秦书法刻在青铜器上,称钟鼎文;秦统一中国以前有一部分书法刻在类似碣石的"石鼓"上,人们称石鼓文。篆书分大篆和小篆,秦以前书法统称为大篆,秦以后为小篆。大篆是继古文之后小篆形成之前的字体(古文指甲骨文等字体),是周文王时期整理的文字,因在整理过程中太史籀经手并著有大篆十五篇,故又称籀文。小篆是在秦灭六国后,为了维护统治,将大篆和相关的文字进行改革简化,形成了比较统一的文字即小篆。小篆之名始于秦代、含有圆形和庄重的意思。汉字笔划和结构的固定、方块字的定型都是在小篆时期逐渐完善形成的(图8-3)。

隶书。隶书产生于秦代,在小篆形成之后出现的。当时有个叫程邈的小官获罪入狱,在狱中墙上看到有的奴隶在死亡前用不正规的文字要求申冤,他受到启发,从这些字中整理出完全不同于小篆的三千多字上书朝廷而被采纳,这就产生了隶书。隶书改篆书的圆笔为方折,简化了很多笔划,书写起来比篆书方便,在书体的发展中是一次重大革命,起到了划时代的作用。隶书又分秦隶和汉隶,到了汉代隶书更加完善规范,使用极为普遍。隶书字的外面轮廓较方,内面转折略带圆形,是由折笔藏锋所写成,切不可故意修补;隶体字字形虽各不相同,但总的看来多属扁平形,高宽约为2:3,故把它形容象龟鳖(图8-4)。

图8-3 篆书字体范例

蚕头雁尾 一波三折	雁不双飞 蚕不双设	重浊轻清 斩钉截铁	外方内圆 如龟如鳖
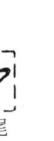			

图 8-4 隶书书写规定

隶书的基本笔划共有七种，其常规写法多数按曹全碑的蚕头雁尾、张迁碑的方头方尾书写（图 8-5）。曹全碑字体浪漫，具有流动感；张迁碑字体方整，具有挺拔冲击感；各有其独到美的特征（图 8-6）。

楷书。楷书又称为正书、真书。楷书在唐以前称隶书八分、今分、今隶等。据考，楷书是王次仲创始，真正留下楷书碑帖是魏朝钟繇，后经晋卫夫人和王羲之学习改进成笔画清圆，结构端正的楷字帖。楷是模范、法式的意思。楷书在汉字传统书法艺术中，占有重要地位。楷书在唐朝最为兴盛，后人所临写的法帖多出自唐代，如柳公权、欧阳询、颜真卿、虞世南等人的书法名帖，其中用笔、字的结构至今叫后人所倾倒。楷书字体端正，笔法清秀，笔划机动灵活，具有书写简捷明快特点，有"铁划银钩"、"横扫千军"的气势（图 8-7）。

横	竖	点	撇笔	捺笔	转笔	折笔

图 8-5 隶书体书写基本笔划

横斩蠶左雁蠶篆波
平釘頭波不不隸可
竪截雁右雙二無四
直鐵尾磔飛設鉤列

图 8-6 隶书字体书写歌诀（刘兆钟书）

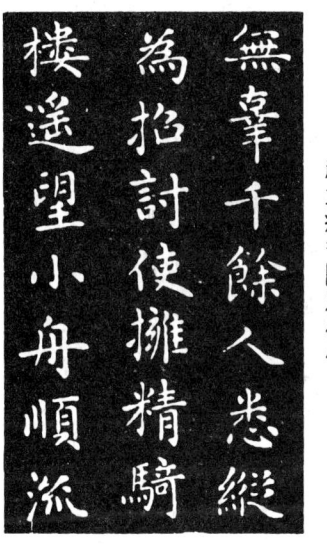

图 8-7 楷书碑帖范例

行草书(又叫今草)。行草书是晋王羲之改进始创。行草书是介于楷书和狂草书之间的一种过渡书体,是连接楷书和狂草书的纽带,所以又产生有行楷和行草及草书三种字体。行草书比楷书书写简便顺手,速度较快(图8-8),能更易于表现多种结构和线条笔划的意态(图8-9),汉字美的艺术形象表现的更加简捷突出,欣赏美的价值更加明显 (图8-10)。晋代王羲之所书写的"兰亭序"被誉为历代行书之冠。清乾隆帝称:"千古绝迹,古来楷法之精,未有与之匹者"。之后又有唐代书法家张旭、怀素等将书体书写的方法进一步放开,大胆勾联,简化变形龙飞凤舞,大量简化行草字形笔划,即产生了狂草等字体。

图 8-8 行草书字例

图 8-9 行草书字例

图8-10 行划书字例
自作诗《游北海公园》王中年作书

美术字。美术字又称艺术字或图案字,是由宋体为主体形成的一种字体(北宋时代,随着印刷术的兴起,一种用刀易于刻制,笔划顿笔处带有三角形装饰特点的字体,后人称为宋体字)。美术字分为两种,一种是写实美术字和另一种写意美术字。写实美术字是在汉字字体原型的基础上略加变化而形成的,没有过多的夸张和装饰,这种字体适用于比较庄重正规的各种场合和范围。写意美术字完全不同于写实美术字,它具有丰富的表现力和各种装饰特征,它把词句的意义和情感显著地贯穿在字体之中,形成明快新颖、生动活泼的特征,特别具有感染力和冲击力。字形形状千变万化,有独到个性化的写意美术字的形式很多,大体分为形象美术字、阴影美术字、立体美术字、自由美术字、装饰美术字等。

8.3 汉字和美术字的结构

汉字和美术字的各种字形字体,电脑中一般都能找到,并能比较规范地打印出来,今后使用时可以在电脑里直接调出来选用。作为园林工程技术人员,对汉字和美术字的写法虽然不要求必须会写,但对其必须也要有个了解。对汉字的发展、演变、种类和形式的了解,将来在园林工作中对文字的识别运用,是非常有好处的。

8.3.1 楷书的笔划

楷书的基本笔划共有八种,即横、竖、撇、捺、点、折、挑、勾。这是组成楷书的全部笔划,每个楷书字体的结构都离不开这几种笔划,所以懂得了楷书基本笔划的用笔和运笔的方法,就具备了写好楷书的第一步工作(图8-11)。第二步是做好楷书中笔划的搭配,即结构。楷书结构总体来看是方形字体,笔划间要横平竖直。但在具体组字时,由于书写者自身修养、爱好和书写功力的不同,在笔划长短搭配、笔划粗细运笔上都有不同,所以楷书就形成了不同的风格和形式特点。这些形式特点又体现了楷书不同的结构关系,就是按同样结构对某些字进行书写,其特征也十分不同。所以学习楷书结构比学楷书笔划要难一些,但只要我们首先掌握好楷书大的结构关系和规律,再经过一段认真的书写练习,学好楷书结构是不难的。

图 8-11 八种笔划的造型和韵律美

8.3.2 楷书的结构

楷书结构又称结体、结字、间架。楷书结构的安排形式和书写方法多种多样,历代对结构都有专著如:《结构三十六法》、《大字结构八十四法》、《间架结构九十二法》等。

楷书各种字体有的用笔刚劲挺拔,笔划清朗爽利,结体紧密方正;有的用笔清秀圆润,行笔流利飘逸,结体疏朗明快;有的用笔方圆兼有,笔划肥瘦皆备,结构疏朗茂密俱全。这些效果都取决于用笔安排、搭配和笔韵的控制调解。研究楷书字体的结构,就是谐调和处理诸多因素关系,是创造字体各自和总体的形式美,所以对楷书结构的学习和掌握是解决楷书造型美的关键。下面对楷书的结构按单体和合体两种形态对楷书的结构进行简单的说明。

(1) 单体字的结构搭配

单体字的笔划较少,结构的搭配较困难,书写时必须做到横平竖直,疏密均称,重心平稳,比例恰当。横平竖直就是要求书写者所写的字,横写的要平,竖写的要直,只要横平竖直字的结构就会写的平正。横划的书写是要略带一点斜势,左稍低右稍高。几笔横划排到一起时,要注意变化和匀称。竖划居中要直,左右对称的要向背分明。疏密均匀是指笔划之间的间隙要均匀。笔划多的字,要写的紧密而均匀,笔划少的字,要写的宽舒大方,做到疏密得当,分布均匀,字就会书写得工整美观。重心平稳,在田字格、十字线交叉点就是重心点的位置,把字的重心点安排在这里,字就能稳定。怎样找出字的重心呢?凡有"中划"的字或"主笔划"明显的字,重心就在"中划"或"主笔划"上。把"中划"或"主笔划"写在田字格的中线上,字就平稳了。没有"中划",难找"主笔划"的字,重心要放在"中线"以上或交叉点上。倾斜笔划较多的字,重心也在"中线"上。

(2) 合体字的结构搭配

由偏旁部首等几个部分组合成的字叫合体字,它们各个部位所占的多少要有适当的比例。合体结构形式大体上可以定为:上下结构、上中下结构、左右结构、左中右结构、包围结构、品字结构六种形式(图8-12)。

上下结构的字形有五种,即:上下平分、上

上下结构	台	否	晋	音	昆	智
上中下结构	黄	急	章	素	冀	意
左右结构	朋	敌	知	如	赫	韩
左中右结构	撇	侧	搬	瑚	微	测
包围结构	国	围	园	因	圈	困
品字结构	品	晶	磊	淼	森	众

图 8-12 合体字的结构搭配

矮下高、上高下矮、上宽下窄、上窄下宽的字。

上中下结构的字有三种，即：上盖下、下承上和居中伸腰。

左右结构的字形有七种，即：左右平分、左窄右宽、左宽右窄、左小右大、左大右小、左高右低、左低右高几种形式。

左中右结构的字有：中间窄左右宽、中间宽左中窄、左窄中右宽、左边小位置偏上、左边大宜长、中间小位置宜高、右侧位置稍低、左中侧位置稍高六种形体。

包围结构的字有：全包围结构、三包结构、下包上结构、左包右结构、半包围结构、左上包右下结构、左下包右上结构。包围结构的字笔画多，外形大，边框可适当缩小一些；笔画少，外形小，可略放大一些，以求能与其他的字协调。

品字结构的字有：正品字，上部居中略大，下部要小；倒品字，伸展夸张横势笔画。

在书写合体字时，初学者可在纸上打方格或米字格，然后按六种结构特点和介绍的方法进行书写。经过一段认真练习，楷书的结构关系一定会组织得很好(图8-13)。

3) 美术字的结构

美术字的基本笔划有：点、横、竖、勾、挑、撇、捺、弯、戈等十种。

各种美术字由笔划组成字后虽然字体有明显区别，但其结构基本要求还是相同的。写宋体字主要要求有以下几种：

(1) 横平竖直，平稳适度

在写较大的字时，可画出每个字的十字线，对横竖笔画就比较易于掌握平与直(图8-14)。

(2) 审视笔划的疏密，布白均匀

对竖笔划居中者，中竖适当移动，如死板地居中，会出现重心偏移(图8-15)。

又如，大字在方格内形成五块空白，考虑到布白均匀，空白的地方大致均等，撇划安排在字的三等分线上合适的位置，可适当的缩放出格，也是为了结构的匀称。

(3) 划分比例，穿插避让

合体字有左右结构、左中右结构、上下结构、上中下结构和包围结构等。书写时，不能机械地把合体割裂分离。有的笔划，要超越界线，有的要容让越界。

(4) 上紧下松，伸展适度

字和人体一样，必须头大、腿长、躯干适中，手足伸展，灵活生动。

(5) 日字两竖，字格三分

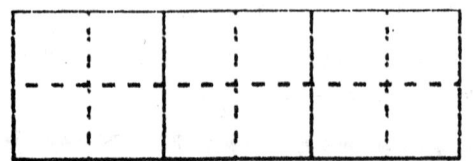

图8-13 田字格与米字格画法

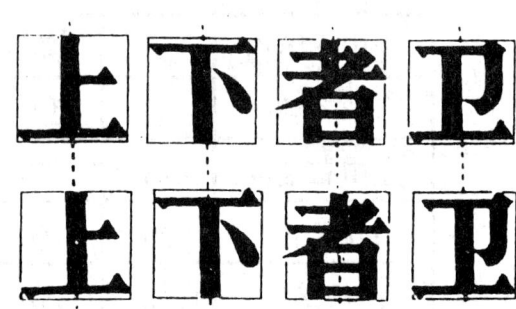

图8-14 先写十字线例　　　　图8-15 中线不居中

书写时，理解为竖向分三段，两竖落在格内两个线上。

再者，可先用仿宋打好字基。在分好方格内分别用仿宋单线打草稿，然后勾线，逐步修正，最后写成（图 8-16~图 8-19）。

宋体字。美术字中比较规范的字体是宋体字。宋体字又分老宋体、正宋体、长宋体、扁宋体等几种。在书写宋体字时，可根据需要进行选择（图 8-20~图 8-25）。仿宋体、黑体、变体美术字具有十分强的装饰特点，具体需要变形程度可根据需要自由选择，一般常用的有以下几种形式：

仿宋体字，是一种字形挺拔秀丽的手写字体。随手写成，既快又方便，其风格也有很多种。它基本上是仿照宋体的笔划变化出来的，所以，叫做仿宋字。园林建筑、规划设计的图纸，一切工程图的说明，都用这种字体，所以又叫工程字体。仿宋字书写时，点的形状为三

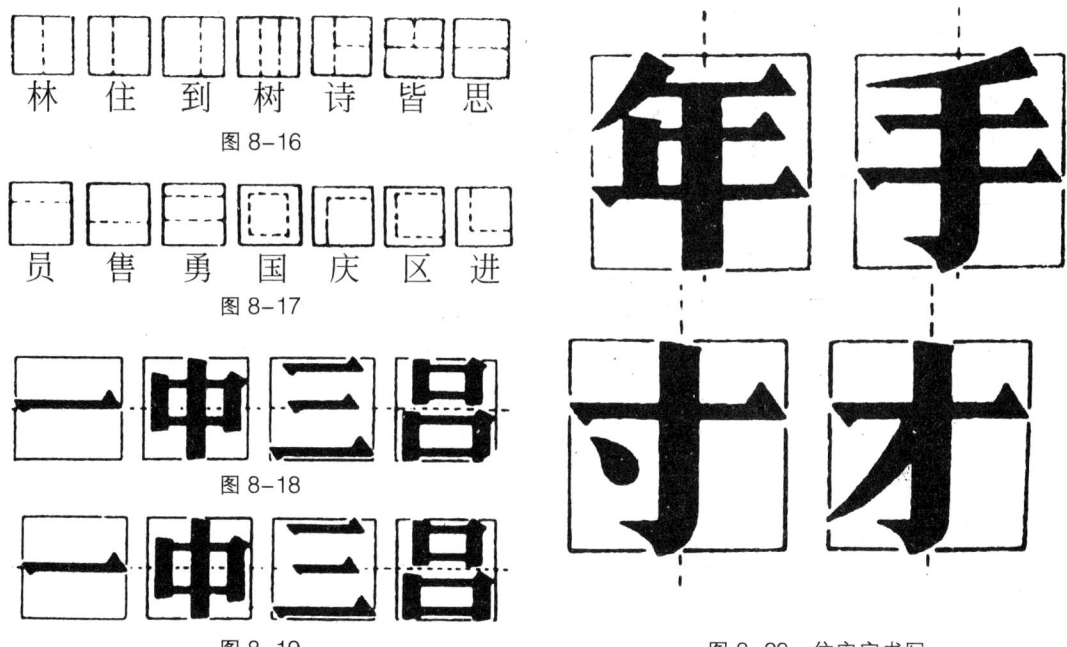

图 8-16

图 8-17

图 8-18

图 8-19

图 8-20 仿宋字书写

图 8-21 老宋体（印刷常用字例）

编 班 南 第

器 师 政 种 络

图 8-22　老宋体字例

连 顺 广 源 雄

蕉 罗 西 兴 和 化

图 8-23　正宋体字例

珠 昌 远 高 乐 清

集 东 南 鹤 德 封 花

图 8-24　长宋体字例

凰 麻 汉 溪 寿

武 冈 步 涟 双 岭

图 8-25　扁宋体字例

角形，横划向右上方倾斜5°左右。横划之所以向右上方倾斜，其原因不外乎由于人手臂骨骼运转的自然趋向为划弧线(图8-26)。

黑体字。横竖笔划的粗细一致，方头方尾；点、撇、挑、勾也都是齐头齐尾，所以，也称为方体字。它以粗重浑厚有力、朴素大方引人注目。它是在宋体字基础上演变成的写法(图8-27、图8-28)。

变体美术字，是在宋体或黑体的基形上进行变化的一种美术字。其形式一般有：立体形、自由形、阴影形、装饰形。每种字的书写可根据不同的对象、环境而进行设计、书写，如刊头、板报、书籍封面等多有使用(图8-29~图8-34)。

惠 梅 浦 岭 远 兴
川 顺 金 安 平 海 佛
庆 饶 阳 湛 龙 韶 宁

图8-26 仿宋体字例

园林常用美术字

图8-27 黑体字例(一)

中国古典园林民族审美尺度静雅

图8-28 黑体字例(二)

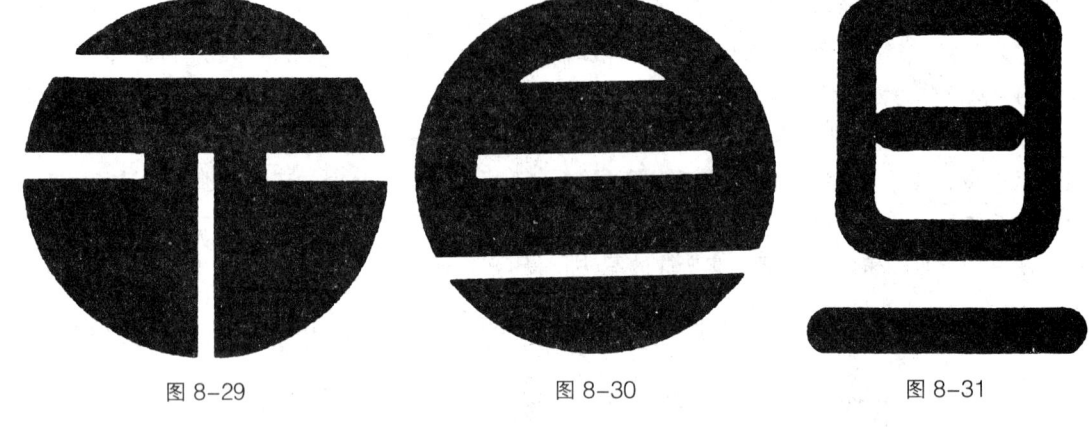

图 8-29　　　　　图 8-30　　　　　图 8-31

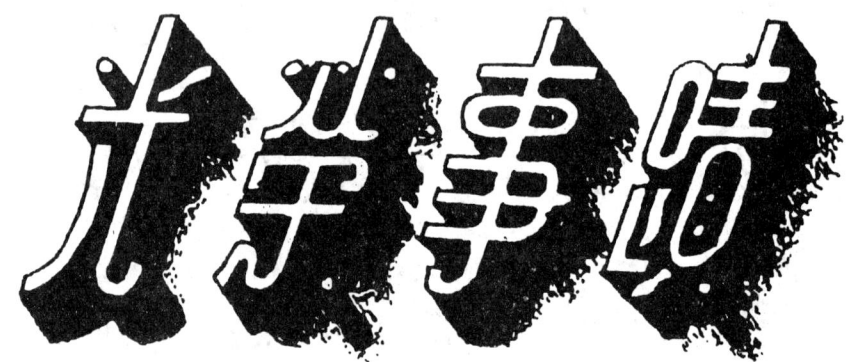

图 8-32

培养儿童智力

丰富儿童知识

图 8-33

图 8-34 外文美术字

今天,世界上应用拉丁字母的有60多个国家。我国的"汉语拼音方案"以及十几个少数民族也都采用了拉丁字母。随着我国对外交流的日益广泛,世界各国友人来华旅游观光与日俱增,各旅游区以及公园名胜的文字标志、景区的文字介绍、旅游商品的包装装潢,对外文美术字的需要逐渐地显得重要了(图8-35~图8-38)。

ABCDEF

图 8-35

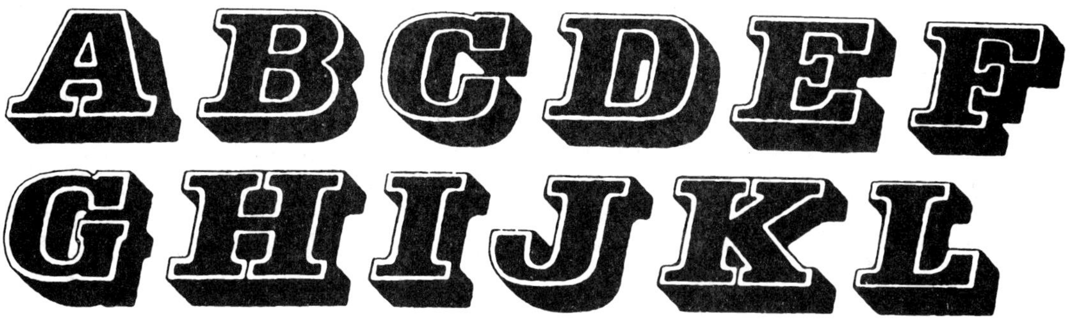

ABCDEF
GHIJKL

图 8-36

图 8-37

图 8-38

复习思考题

1. 汉字和美术字在园林中有哪些作用。
2. 汉字是怎样分类的。
3. 在汉字中、美术字有那些特殊用处。

8.4 书法作品欣赏(图 8-39~图 8-54)

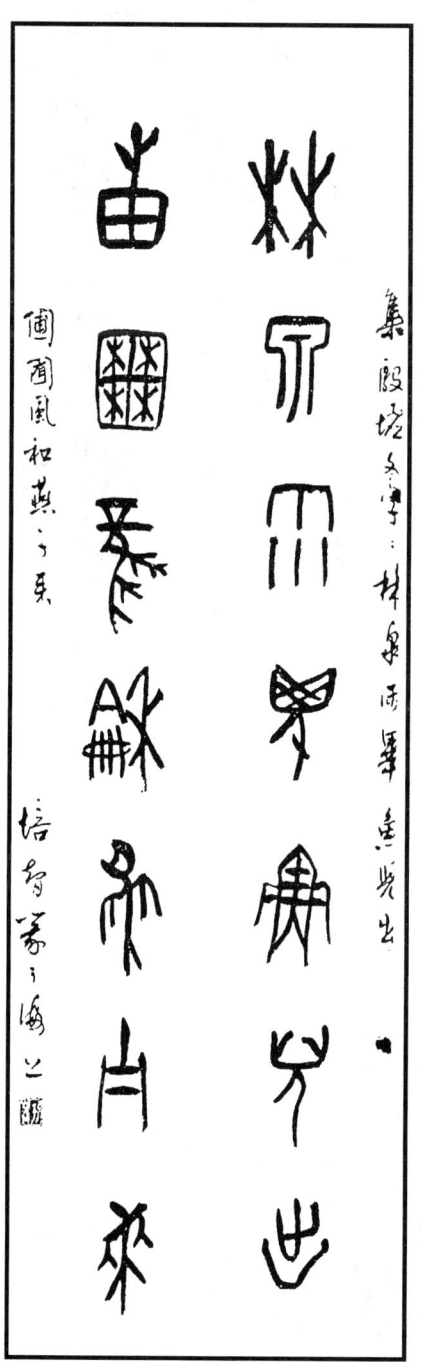

图 8-39 林泉雨毕鱼儿出 圃囿风和燕子来
中鼎文 辽宁书法家 于培智 书

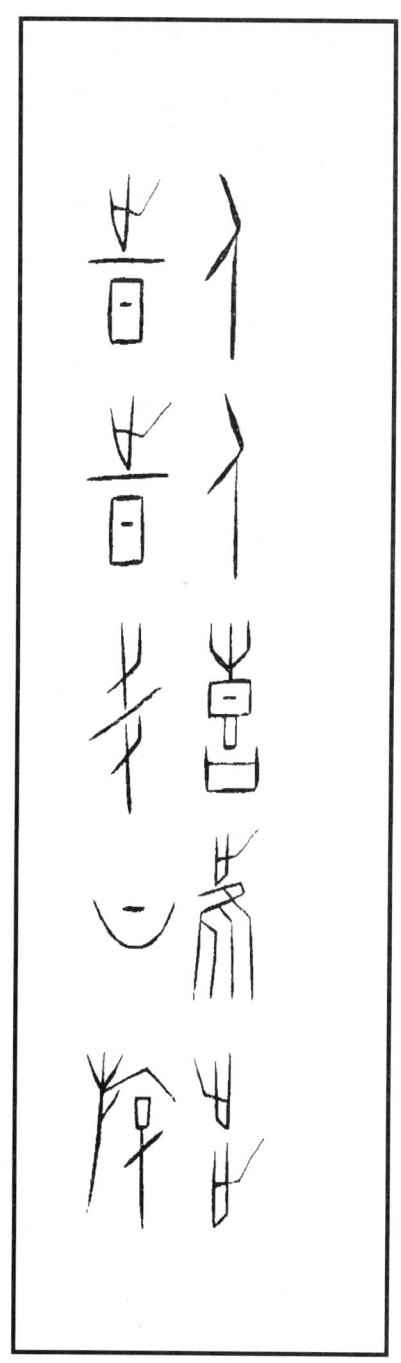

图 8-40 人人喜进步 时时争上游
甲古文 苏州书法家 唐庐书

图 8-41 石鼓文（天津著名书法家 王克理 书）　　图 8-42 石鼓文（王克理 书）

图 8-43 行草（北京著名书画家 王中年教授 书）

图 8-44　隶书　(天津著名书法家　李凤鸣　书)

图 8-45　隶书　(齐齐哈尔著名书法家　刘兆钟　书)

图 8-46　行草书　(陕西书法家　司马武当　书)

翠柳拂岸一鏡開水波雲
影共徘徊鷗鳥振翮覓鱗蹟
竹笛彈指抒情懷扁舟蕩
進朝霞裡長嘯飛出旭日
來吟罷無揮筆愁寫處劍
書天登高臺

图 8-47 楷书 （齐齐哈尔著名书法家 刘兆钟 书）

图 8-48 楷书 （天津著名书法家 王克理 书）

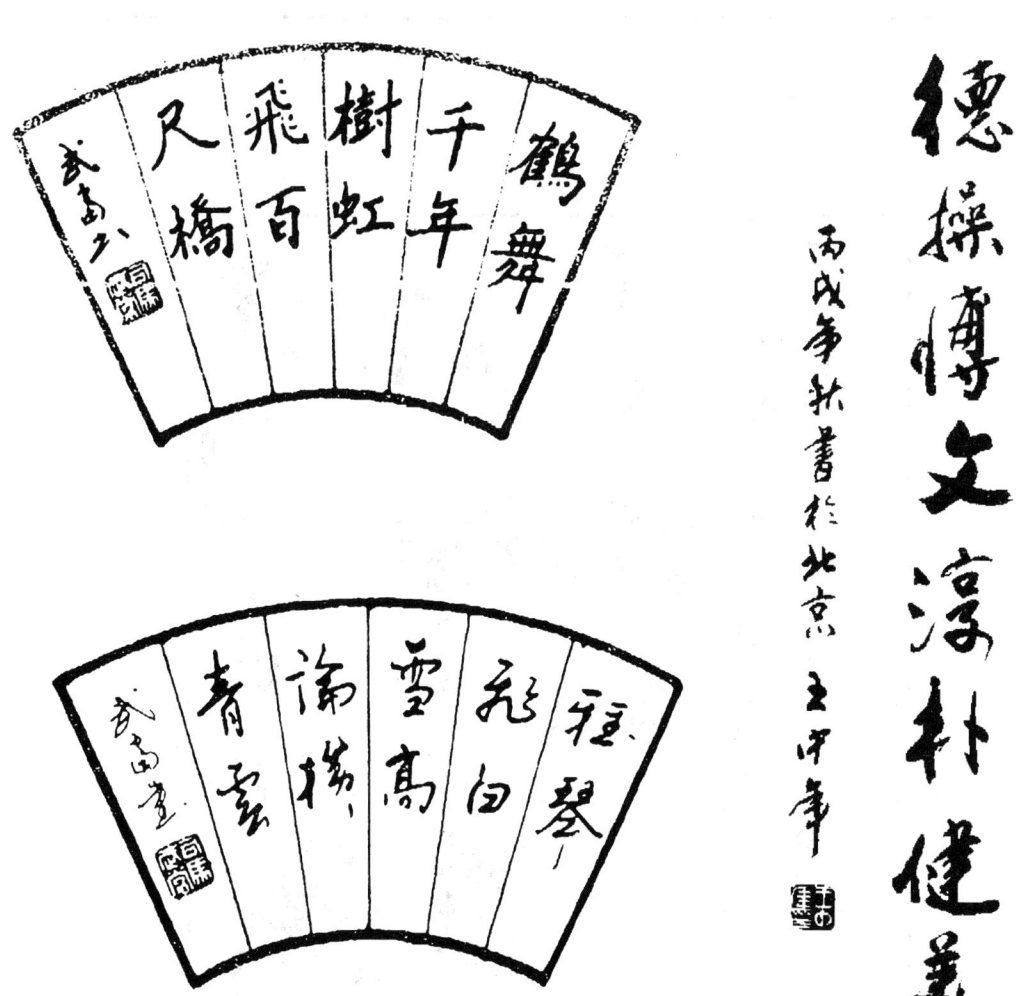

自作诗《写山画水》

图 8-49 行草书 (北京 王中年 书)

图 8-50 行草书 (陕西书法家 司马武 书)

图 8-51 行草书 （上海书法家 翁运 书）

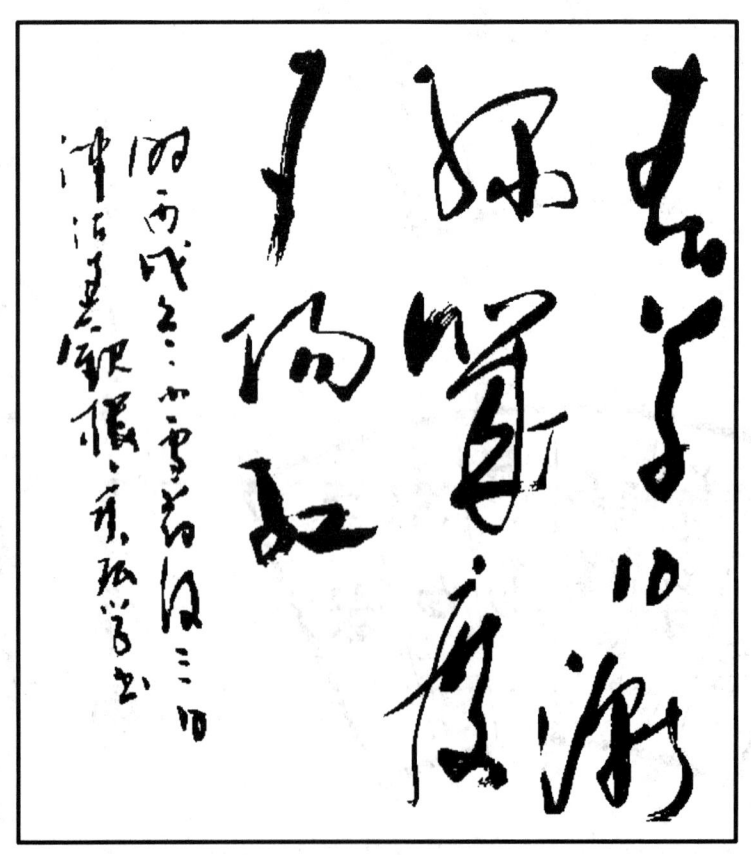

图 8-52 行草书 （天津著名书画家 贾宝珉 书）

图 8-53 草书 (山东书画家 孙明远戏墨天津南开)

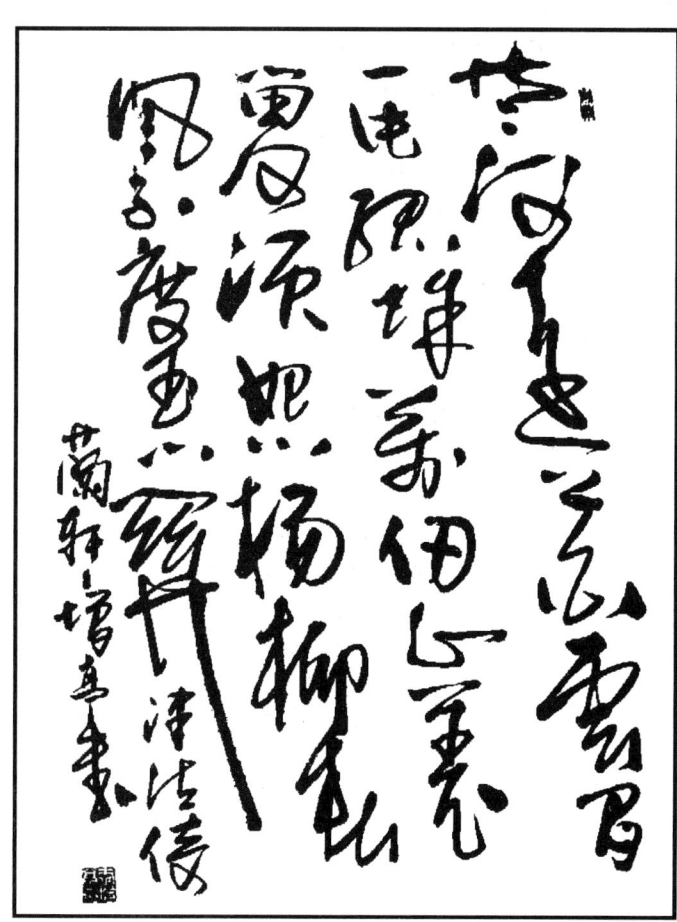

图 8-54 草书 (天津书画家 李增亭 书)

参 考 文 献

[1] 现代透视图作法新编. 伍典编著. 北京：万里书店，1985.
[2] 绘画基础知识. 黄源，张文博编. 广州：岭南美术出版社，1984.
[3] 建筑与水景. 夏兰西，王乃弓编. 天津：天津科技出版社，1986.
[4] 写意花鸟画技法. 苏葆桢编著. 北京：人民出版社，1984.
[5] 平面设计之基础构成. 薄国松，张辉明编著. 艺风堂出版社，1984.
[6] 构成艺术. 赵殿华编著. 长春：辽宁美术出版社，1991.
[7] 色彩构成. 赵图志编著. 长春：辽宁美术出版社，1991.
[8] 平面构形基础. 陆滔编著. 北京：万里书店，1988.
[9] 实用美术基础. 李学英等编著. 天津：天津人民美术出版社，2000.
[10] 居住环境建筑小品与设施，张在之著. 长沙：湖南科技出版社，1985.
[11] 园林美学概论. 赵春林主编. 北京：中国建筑工业出版社，1992.
[12] 素描教学. 黄珂著. 长沙：湖南科技出版社，1987.
[13] 建筑画. 北京：中国建筑工业出版社，1986.
[14] 怎样画钢笔画. 周君言编. 上海：上海文化出版社，1983.
[15] 水彩画技法. 曾善庆，谭云森主编. 北京：人民美术出版社，1982.
[16] 色彩艺术. 杜定宇译. 上海：上海人民美术出版社，1985.
[17] 色彩常识. 刘剑青著. 太原：山西人民出版社，1982.
[18] 园林美术. 赵春林. 杭州：浙江美术出版社，1992.
[19] 建筑画基本知识. 北京：中国建筑工业出版社，1978.
[20] 建筑画. 张兴毅. 北京：中国建筑工业出版社，1998.
[21] 建筑水彩画技法. 刘远智. 北京：中国建筑工业出版社，1991.
[22] 建筑设计绘画技法. 周洪. 沈阳：辽宁画报出版社，1994.
[23] 建筑造型与装饰艺术. 史春珊. 沈阳：辽宁科学技术出版社，1988.
[24] 黄山山水画写生技法. 赵树松. 天津：天津人民美术出版社，2000.
[25] 秦克强作品集. 秦克强. 天津：天津人民美术出版社，2003.
[26] 阮克敏花鸟画集. 阮克敏. 天津：天津人民美术出版社，2004.
[27] 王中年山水画与诗书题款. 王中年. 福州：福建美术出版社，2003.
[28] 建筑表现技法. 朱淳. 北京：中国美术学院出版社，1996.

编　后　语

　　《园林美术》教材，在建设指导委员会和全国有关中专院校的支持下，从教学计划、教学大纲到教材，经齐齐哈尔、天津、哈尔滨、大连会议研究，经编者多次修改充实，并在中国建筑工业出版社的支持下，即将出版。

　　本教材每章后面设有复习思考题，但内容不多，各校老师在教学中可自行根据情况充实，安排，为了保证美术课的教学质量，各校应创造一定的直观和现代化教学手段，配备幻灯、图片、挂图，购买一定数量的美术教学资料，逐步提高美术课的效果。也可多安排一些美术作品的欣赏课。在教学过程中，实践教学课时不够多，各校老师可另外再找些时间予以安排。因为，只靠教学计划中给的课时往往是远远不够用的。

　　园林美术这一学科，是学习绘画理论和绘画技巧的学科，是园林绿化专业的专业基础课。园林美术在整个园林艺术专业中也是十分重要的。为了使同学们能有计划地按园林美术课程的教学计划和教学大纲得到确实的提高，我们还准备编写一本与《园林美术》配套的《园林风景写生教材》（暂定名），专门从写生的角度出发，帮助学生进行全面的训练，以提高学生的写生实践能力与技巧。

　　最后，我们要感谢全国各院校的一些教授、老师和美术界的同行，在此书出版前帮助充实了部分插图与画稿，为本书的早日出版给予了不少帮助。

编者　赵春林
1998 年 8 月 30 日于北京

第二版编后语

　　经修改后的第二版《园林美术》教材充实了美学和汉字方面的知识及汉字欣赏等内容，希望教师在教学中将其充实的内容与原第一版知识有机的结合起来加以讲解和运用。为了使理论教学内容能更深入具体地融入绘画之中，第二版教材在理论教学完成之后补充了图例，教学中要详细加以分析、应用。《园林美术》教材中绘画的方法很多，教学中要突出重点加以讲解、练习，不要面面俱到，有的章节理论（整理）内容可融入绘画中一起讲。特别要注意培养学生运用线条绘制园林效果图和园林鸟瞰图的绘画能力，使教学效果更好。

编者　赵岩峰
2006 年 12 月 28 日于天津南开易川里